아줌마들의 과학수다

누구나 편하게 다가갈 수 있도록 수다로 풀어낸 과학 이야기

아줌마들의 과학수다

박문영 | 신지원 | 이인숙 | 최동수 지음

YANG MOON

머리말

수다를 통한 과학과의 소통

이 수다를 시작하기 전까지 우리 네 아줌마는 하던 사회일(?)을 그만
두고 육아와 살림에 최선을 다하고 있었다. 집에서 아이들과 복닥복닥
지낸 기간만큼 사회는 점점 멀어져 갔고, 새로운 시작이라는 단어는
점점 낯설고 용기를 내는 것이 더욱 어렵게 느껴졌다. 그러다가 여성
과학기술인지원센터 WIST(현 WISET)에서 운영한 '경력단절 여성을
위한 교육'을 통해 과학커뮤니케이터로 새로운 시작이라는 단어에 용
기를 냈다.

네 아줌마가 만나고 보니, 여자가 과학 과목을 좋아한다고만 해도
특이하다고 하던 갑갑한 시절에 부모님과 선생님의 말씀을 충실히 따
라 착하고 바르게 살아야 한다는 행동 규범에서 크게 벗어나지 못했던
범생이 기질이 충만하다는 공통점이 있었다. 일탈을 꿈꾸기는 하지만
행동으로 옮기지 못하는 소심함도 공통적이었다.

처음 수다를 시작할 때에는 서로 반대 의견을 주장하며 불꽃 튀는 논쟁도 하고, 각자의 뚜렷한 성격도 드러나리라 기대했다. 그러나 회를 거듭할수록 주제에 대해 공감하는 부분이 많았고, 걱정하는 부분도, 대안에 대한 생각도 서로 닮아 있다는 사실을 알게 되었다. 특히 많은 주제를 다루면서 이런 문제가 앞으로 우리 아이들의 세상에 어떤 영향을 끼칠까, 그런 미래를 대비하기 위해서는 어떻게 아이들을 키우는 것이 좋을까 하는 관심이 우리를 떠난 적이 없었다. 아마도 비슷한 세월을 살아온 시대적 배경과 대한민국 아줌마로 살면서 가정과 아이들을 위해 언제나 내 자리를 내놓았던 오랜 습관들이 가치관이나 생각도 비슷하게 만들지 않았나 싶다.

버럭 화가 나는 현실적인 문제들 앞에서의 소심한 대응에 때론 답답하고 지루함을 느낄 수도 있을 것이다. 우리도 여러 번 고민했지만 우리 모습 그대로를 보여주는 것이 더 좋겠다는 쪽으로 의견을 모았다. 우리가 이야기하는 것은 수준의 높고 낮음이나 형식이 중요하지 않은 '수다'라는 것을 핑계로 원대하고 객관적인 결론에 도달하지 못한 것을, 기승전결을 잘 갖추지 않은 것을 위안했다. 사실 우리의 수다는 새롭게 배운다는 생각으로 도서관과 컴퓨터에 파묻혀 즐거운 시간을 보낸 결과다. 아줌마들이 말하는 과학이니 누구든 편하게 부담 없이 다가와주면 좋겠다.

스스로 평가해도 미숙하고 부족한 부분이 많다. 그럼에도 불구하고 두려움과 부끄러움을 뒤로 하고 조심스레 세상에 나선 수다 팀 아줌마들의 용기와 열정에 응원을 보내주길 바라는 마음 간절하다. 또한 이 책을 계기로 우리보다 더 열정적이고 시원하게 한판 과학수다를 벌릴 아줌마들이 많아졌으면 하는 바람이다.

　만남을 주선하고 사회로 다시 나올 수 있도록 용기를 준 WISET와 아줌마들의 과학수다를 연재해주신 한겨레 과학웹진 〈사이언스온〉의 모든 분들에게 감사를 드린다. 바빠진 엄마와 아내에게 불만스러워하면서도 응원해준 가족들에게 미안함과 고마운 마음을 전한다. 혼자라면 힘들었을, 짧고도 길었던 시간 동안 서로에게 버팀목과 자극이 되어준 아줌마 동료들에게도 감사한다. 그리고 우리의 수다를 엮어서 세상과 한 번 더 소통하게 해주신 양문출판사에도 감사함을 전한다.

　끝으로 자라나는 우리 아이들이 살아갈 정신없이 빠르게 변화하는 과학사회에 관심이 있는 사람이라면 그 누구라도 아줌마들과 함께 수다에 동참해주길 소망한다.

2012년 2월

차례

제1부

생활 속의 과학,
과학은 우리의 친구

$$\sqrt{x^2} = |x| = \begin{cases} x & (x \geq 0) \\ -x & (x < 0) \end{cases}$$

$$a^n \cdot a^n = a^{n+n} \qquad = \frac{a(1+r)\{(1+r)^n-1\}}{r}$$

$$a^{-n} = \frac{1}{a^n}$$

$$a^0 = 1 \ (a \neq 0) \qquad = \frac{-a\{(1+r)^{-n}/3\}}{r}$$

$$a \ (1+r)^n \cdot r)$$

축구,
그 중심에는
사람이 있다

> 골인을 향한 발끝에는 젖은 땀방울과 과학이 숨어 있다. 움직임의 원리를 탐구하던 옛사람들은 하늘과 땅을 구분하였다. 하늘에서는 원 운동으로 땅에서는 직선 운동으로 움직임의 변화를 설명하던 아리스토텔레스 시대를 지나 움직임을 변화시키려면 힘이 필요하다는 뉴턴에 이르러서야 하늘과 땅의 운동법칙이 하나로 통일될 수 있었다. 지금은 눈으로 볼 수 없는 미세한 입자들의 움직임조차 슈뢰딩거의 불확정성 원리로 풀어가고 있지만 서로에게 영향을 미치는 힘과 에너지의 원천은 찾지 못하고 있다. 그래서인지 지구는 에너지에 목말라 있다. 과학에서 찾지 못하는 힘과 에너지의 원천을 모두가 하나되는 순간, 골대를 향해 슛을 쏘는 그 순간의 하나됨으로 풀어보자.

| 스포츠에는 '함께하는 문화'가 있다 |

지원: 월드컵이 열리면 거리는 '대~한민국'을 외치는 함성과 대형화
　　　면 앞에 몰려 있는 사람들로 활기차죠. 보이는 것이 온통 붉은색이

니 여간 흥분되는 게 아니에요. 저는 축구를 보는 것도 하는 것도 즐기지 않지만 승패에는 관심이 가더라고요. 우리편이나 상대편이 골을 넣거나, 공이 아슬아슬하게 골대를 빗겨가는 순간에는 완전 몰입해서 기분이 천당과 지옥을 오고 가요. 그리고 새삼 지구본을 꺼내놓고 세르비아도 찾아보고 슬로베니아도 찾아보며 세계지리 공부도 하고요.

문영: 위아래 층에서 동시에 함성이 쏟아져 나오면 웃음이 나요. 이게 무슨 일인가 싶기도 하고, 오랜만에 사람 사는 동네 같기도 하고, 모두가 같은 것을 보고 같은 맘으로 응원한다는 것이 뿌듯하기도 하고, 민족과 국가에 대한 무조건적인 충성에 가슴이 찡해지기도 하죠.

동수: 경쟁이 있고 승자와 패자가 있는 스포츠 경기는 사람들을 '승리'라는 한 가지 목표에 집중시켜요. 그 힘과 열기가 모두를 한데 모으고 신명나게 하죠.

인숙: 사람의 활동 중에서 신명나는 놀이가 축구만은 아닐 텐데 208개 국 지구인의 시선을 한곳에 모으는 것으로는 축구만한 게 없는 듯싶어요. 공 하나의 위력이 지구온난화나 에너지보다 더 크고 대단하죠. 어찌 보면 앞으로의 생명위협보다 지금의 놀이에 빠지는 사람들의 단순함이 희망적이기도 해요. 지구를 살리려는 신명이 주어지면 모두가 하나될 수 있을 테니까요. '모두 제자리~ 모두 제자리~'를 외치며 물건을 정리하는 유치원 아이들의 모습처럼 지구 문제도 하나의 목표를 정하기만 하면 되지 않을까 싶어요.

지원: 뛰고 달리고 던지는 움직임은 다른 생명체도 할 수 있죠. 그런데 사람들의 스포츠 활동은 다른 생명체의 활동과 분명히 구분이 돼요. 스스로 규칙을 만들고 목표를 향해 자기를 단련하며 즐거움을 위해 함께하는 문화가 있다는 점에서요.

인숙: 규칙과 경쟁이 있는 스포츠 활동은 사람들이 모여 살면서부터 시작됐어요. 처음엔 먹을 것을 구하고 생명을 지키기 위한 훈련이었 던 것이 먹을거리가 풍족해지면서부터는 자연과 신에 대한 감사를 표현하기 위한 행사로 변했죠. 하지만 지금의 우리는 즐거움과 건강을 위해서 스포츠 활동을 하고 있어요. 스포츠는 현대로 올수록 많은 사람이 모이는 잔치가 아니라 개인적인 활동으로 변하고 있죠. 산업화는 생활의 편리를 가져왔지만 사람들의 일할 시간을 늘려서 함께 놀이하는 시간이 줄어들었어요. 이러한 변화가 스포츠를 사회 적 활동에서 개인적 활동으로 변하게 했죠. 산업화에 따른 분업이 '모두 함께'라는 놀이의 의미를 잃어버리게 했다고 볼 수 있어요.

문영: 맞아요. 즐거움과 건강을 추구하는 현대 스포츠는 하나의 문화

를 넘어 산업으로 발전했어요. 지켜보는 사람들을 만족시키는 스포
츠 스타가 등장하고, 더 나은 스포츠 용품을 개발하려고 재료와 디
자인을 발전시키고, 좀 더 나은 기록을 위해 사람의 신체와 운동, 생
리를 연구하고요. 이런 연구들은 생활에 이용할 로봇을 만드는 데도
활용되고 있죠.

지원: '스포츠 스타'를 말하니 박지성과 김연아가 생각나네요. 그들의
승리에 온 국민이 감동하고 부러워하면서 일거수일투족에 관심을
기울이는 것은 어린 나이에 흘린 땀과 눈물에 대한 위로와 박수가 아
닐까요. 하면 된다는, 언젠간 성공한다는, 결국은 행복할 거라는 해
피엔딩의 꿈을 갖게 하는 예쁜 모습이기도 하고요.

| 움직임은 태양에서 시작된다 |

인숙: 스포츠를 생각하니 사람들의 격정적인 움직임이 생각나네요. 이
움직임의 시작은 태양에서부터라고 할 수 있어요. 태양에너지를 이
용한 식물의 광합성은 탄소와 수소와 산소와 질소라는 원소들의 결
합을 만들죠. 사람 몸속에 들어간 이러한 원소들의 결합이 끊어지고
재결합되면서 에너지를 만들어 근육을 수축시키고 이완시켜 사람들
의 움직임을 만드는 거고요.

문영: 움직임은 운동이고 운동은 에너지와 운동의 법칙에 따라 일어나
죠. 에너지를 효율적으로 만들고 사용하기 위해 사람의 신체는 지속
적인 단련이 필요해요. 그리고 신체단련에는 운동법칙에 대한 이해
가 필수죠. 그래서 교육이 필요하고요. 무심히 배우고 익힌 국민체

조나 물리법칙이 근육을 단련시키는 데 도움을 주고 무의식적으로 일어나는 평상시 활동에 균형과 적당한 힘을 줘서 효율을 높일 수 있어요.

동수: 뉴턴의 운동법칙을 적용하면 스포츠 활동에서 부상을 방지하고 승리를 예측할 수 있대요. 상태를 유지하려는 관성의 법칙과 움직임에는 힘이 필요하다는 가속도의 법칙, 그리고 힘의 작용에는 반작용이 있다는 법칙들 말이에요. 버스를 타거나 비탈을 구르거나 부딪쳤을 때 몸의 균형과 보호를 위해 반사적으로 일어나는 사람의 행동이 바로 운동법칙이죠. 운동과 과학이 별개라고 생각하던 때도 있었지만 요즘은 운동에서도 과학이 얼마나 중요한지 다들 인식하고 있어요. 운동선수들도 물리를 제대로 배워야 하지 않을까요? 그들의 노하우가 바로 운동의 법칙이니까요.

│ 축구의 미학은 '공기의 흐름' │

지원: 공을 던지고 차는 데도 내가 의도한 대로 가게 하려면 반복적인 훈련은 물론이고 깊이 있는 공부도 필요해요. 공의 스핀과 공기저항, 던지거나 차는 속도도 계산해야 하니 말이에요. 0.5초도 안 되는 순간의 판단이 승부를 가르니까요.

문영: 남아공 월드컵에 출전했던 포르투갈의 호날두 선수는 무회전 킥으로 유명하죠. 공을 차면 보통 공기저항에 의해 공이 회전하게 되는데 정확한 위치에 정확한 발차기를 하면 무회전 킥을 할 수 있대요. 무회전 킥은 공의 진행방향과 공에 전달된 발의 힘 방향이 정확

히 일치해서 회전하지 않고 날아가는 킥이죠. 공이 회전하지 않으니 더 빠르고 주위 공기흐름에 민감해 오르락내리락 위치를 예측할 수 없어요. 그러니 골키퍼는 속수무책이고요. 무회전 킥을 실제로 경험한 사람의 말을 빌면 공이 춤을 춘다더군요.

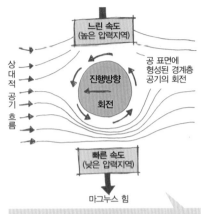

공의 진행 방향과 공기의 흐름 방향에 따라 공의 속도와 압력이 바뀌는 것을 설명하는 마그누스 효과

인숙: 공이 날아갈 때 공기흐름에 따라 어떤 궤도를 나타내는지는 1852년 독일 물리학자 구스타프 마그누스에 의해 밝혀져서 '마그누스 효과Magnus effect'라 불려요. 공이 날아갈 때 회전하는 방향과 공기의 흐름이 같은 방향이면 공기흐름이 빨라져 압력이 낮아지고, 반대 방향이면 공기흐름이 느려져 압력이 높아지는 현상이 발생하죠. 이렇게 회전하는 물체 주변에 압력 차이가 생기면 공기가 압력이 높은 지점에서 낮은 지점으로 흐르게 되고 그 결과 공이 휘어지게 되는데, 이것이 바로 마그누스 효과예요.

지원: 1997년 프레 월드컵 프랑스 대 브라질 경기에서 카를로스 선수가 보여준 'UFO슛'이 마그누스 효과를 보여주었죠. 그가 찬 공은 초당 8~10회전에 41.6m/s의 속도로 날아가 37미터 거리에서 찬 공이 직선거리보다 4미터 이상 휘어져 골대로 들어갔어요.

동수: 맞아요. 그런 휘어짐은 공의 무게중심과 힘의 작용점에 의해 공의 스핀 방향이 정해지면서 생기게 되죠. 공의 무게중심과 힘의 작

용점이 정확히 일치하면 무회전 킥이고, 힘의 작용점을 무게중심에서 벗어나게 하면 백스핀과 톱스핀 킥을 찰 수 있어요. 날아가는 공의 궤도를 연구하고 그걸 이용하는 스포츠의 기술은 점점 더 과학을 필요로 하고 있죠.

| 둥근 공을 쫓기보다는 발로 차자 |

문영: 4년마다 열리는 월드컵 열기를 고취시키기 위해 매회 새로운 공인구를 만들려고 노력하잖아요? 2010년 남아공 월드컵에서는 완전 방수가 가능한 '자불라니'를 만들었죠. 그 전까지의 스포츠용품 업계는 주로 축구공의 소재와 디자인에 더 많은 신경을 썼대요. 찰 때 무겁고 아픈 느낌이 없도록 가볍고 튼튼한 소재를 찾기 위해 노력했고, 세계인의 시선을 사로잡을 눈에 띄는 디자인을 탄생시키기 위해 공을 들이고요. 하지만 자불라니는 무엇보다 어떠한 기후 조건에서도 공의 정확도와 컨트롤을 유지할 수 있는 기능적인 면을 강조했다

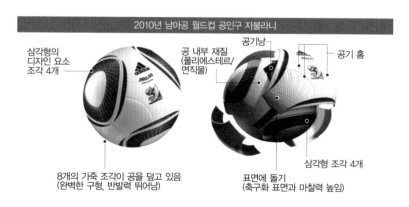

2010년 남아공 월드컵 공인구 자불라니

삼각형의 디자인 요소 조각 4개

공 내부 재질 (폴리에스테르/ 면직물)

공기낭

공기 홈

8개의 가죽 조각이 공을 덮고 있음 (완벽한 구형, 반발력 뛰어남)

표면에 돌기 (축구화 표면과 마찰력 높임)

삼각형 조각 4개

고 하죠. 완벽한 구를 위해 입체재단하고, 공의 표면에 여덟 개의 조각만을 사용해 완전방수가 가능하도록 하고, 공의 표면돌기로 회전 시 주위 공기를 안정화해 공 움직임의 정확도를 높이고요. 하지만 다른 공인구에 비해 뚜렷한 경기력 차이가 나지 않는 것으로 보아서 들인 노력에 비해 효과가 안타깝다는 생각이 들어요. 아무래도 공보다는 그 공을 다루는 사람에 의해 골인 횟수와 경기력에 차이가 생기는 것 같아요.

지원: 축구는 동그란 공 하나만 있으면 누구나 할 수 있는 운동이죠. 그래서 월드컵 개최를 주관하는 FIFA 회원국이 어느 국제기구 회원국보다 많아요. 하지만 요즘의 축구는 그 어느 때보다 불평등하죠. 연봉 140억 원을 받는 선수, 생리에 따라 체계적인 트레이닝을 받는 선수, 포지션과 개인의 발에 맞춘 축구화를 신고 뛰는 선수, 고지대에 대비해 저산소방을 만들어 연습하는 선수, 스트레스를 완화해주는 심리치료를 받는 선수가 있는가 하면 오기와 배짱 하나로 맨 땅을 뛰어다니며 땀을 흘리는 선수도 있죠. 스포츠 산업이 낳은 불평등이라고나 할까요? 그럼에도 축구가 세계 곳곳의 빈민촌 아이들에게 놀이이자 꿈이 되는 스포츠라 더 가치가 있다는 생각이에요.

1930년 우루과이 대회에서 공개된 최초의 월드컵 공인구 티엔토(Tiento)

문영: 사람 능력의 위대함은 자신의 의지에 의해 전에 없던 힘을 발휘한다는 점 아닐까요? 체중이 29.5킬로그램인 아홉 살의 제레미 쉴Jeremy Schill이 아버지의 생

명을 구하기 위해 1860킬로그램이나 되는 자동차 후미를 들어올리는 일이 있었죠. 이 같은 기적의 힘은 사람의 신체에 항상 예비되어 있다고 하네요. 제레미 쉴의 경우처럼 근육의 움직임이나 힘을 효율적으로 사용하는 방법을 생각해내는 일 등은 두뇌와 깊은 관련이 있는 활동이에요. 사람의 의지가 결과에 결정적인 영향을 미칠 수 있다는 뜻이죠. 그런 의미에서 보면 사람의 의지로 못할 일은 없을 것 같아요. 과학기술의 혜택이 없으면 조금은 불편하고 험난한 시간을 보내야 하겠지만 승리를 향한 의지만 있다면 기술의 열세를 극복할 수 있다고 생각해요. 성공한 사람들의 눈물 젖은 빵처럼 말이죠.

인숙: 월드컵이 있을 때면 하루 종일 축구중계를 하는 방송 덕분에 축구시합에서 전반에는 수비에 치중하는 4:4:2 전략을, 후반에는 공격에 치중하는 4:3:2:1 전략을 구사한다는 얘기를 많이 듣게 돼요. 이런 승리를 위한 전략으로 공격과 수비에 가담하는 선수들의 비율을 나타내죠. 승리를 위한 전략은 온 국민이 알도록 반복적으로 이야기하지만 정작 선수들을 보호하는 전략적 프로그램에 대한 얘기는 음식과 휴식에 관한 것밖에 들을 수 없어요. 얼마 전 상암동 월드컵경기장에서 영국 클럽 축구팀과 경기가 있었는데, 우리 선수들은 경기 후에 곧장 퇴장한 반면 영국 팀 선수들은 경기를 뛴 시간과 포지션에 따라 코치의 지도하에 한 시간가량 마무리 운동을 하고 퇴장하더래요. 그걸 지켜본 기자가 '선진 축구'란 저런 게 아닌가 생각했다고 하더라고요.

동수: 학창 시절 체육시간에 누누이 듣던 말이네요. 운동을 할 때는 준비 운동과 본 운동과 마무리 운동으로 나누어 해야 한다는 것 말이에

요. 결국 기본을 충실히 지키는 것이 오래 가고 승리하는 길이죠. 사람을 소중히 하는 기본이야말로 우리 삶에서 지켜야 할 도리고요.

인숙: 사자는 돌을 던진 게 무엇인지에 관심을 갖고, 개는 던져진 돌만을 쫓아다닌다는 말이 있죠. 월드컵이라는 지구인의 스포츠 잔치가 승리만을 쫓느라 정작 화합이라는 중요한 덕목은 놓치고 있는 게 아닌지 돌아봐야 하지 않을까요.

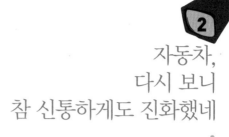

자동차,
다시 보니
참 신통하게도 진화했네

"자동차는 '스스로 움직인다'는 뜻을 가지고 있다. 말이나 사람의 힘으로 끄는 것이 아니라 자체 엔진에서 동력을 생산하고 바퀴에 전달하는 시스템이어서 붙여진 이름이지만, 지금은 '스스로 움직이는 자동차' 하면 무인운전 시스템이 머리를 스친다. 처음 자동차가 나왔을 때의 놀라움이 지금의 무인자동차에 대한 신기함과 비슷했을까? 역사는 반복되면서 발전한다. 미래에는 '스스로'라는 단어에 맞는 어떤 교통수단이 발명될까?"

| 자동차 전용도로에 들어가지 못하는 전기자동차 |

문영: 교통수단이 마치 공기처럼 여겨져 특별히 의식하지 않았는데,
　　　우리나라 신성장동력 사업에 '그린 수송 시스템'이 들어 있는 기사
　　　를 보고 '아차' 하는 느낌이었어요. 어제까지 '야! 자!' 하며 구박하
　　　던 친구가 회사 상사로 '짠!' 하고 나타난 느낌이랄까요. 자동차가

친환경적으로 변신하는 데 우리나라가 주도적인 역할을 해서 원천 기술을 많이 가질 수 있으면 좋겠다고 막 응원을 하게 되더라고요. 친환경 자동차는 뭐니 뭐니 해도 전기자동차겠죠?

동수: 얼마 전에 여의도공원에서 경차보다 작은 2인용 자동차를 가까이서 봤는데 시판되는 전기자동차였어요. 신기하고 궁금하기도 해서 운전자를 붙잡고 이것저것 물어봤죠. 종류는 납축전지형, 리튬폴리머전지형이 있는데, 전지에 따라 한 번 충전으로 주행할 수 있는 거리가 다르더군요.

지원: 연비가 좋아 유지비용이 경차보다 싸다는 말은 들었는데 가격은 일반 차보다 제법 비싸더군요. 아무래도 전지의 성능과 가격이 해결해야 할 문제가 되겠네요. 충전시설 같은 인프라도 충분하지 않고요. 게다가 올림픽대로에 보니까 전기자동차 주행금지 표지판이 있던데, 분명 자동차임에도 불구하고 자동차 전용도로에 못 들어가는 신세죠.

인숙: 전기자동차가 새로 등장한 것 같지만 지금보다 더 주목받던 시

CT&T가 제작한 국산 전기자동차 1호 e-ZONE과 현대자동차의 블루온 전기자동차

대가 있었다고 하죠. 19세기 말에 경주용 자동차가 인기 만점이었대요. 변속기도 필요 없고 순간적으로 속도를 높이는 데 걸리는 시간이 당시의 가솔린엔진에 비해 빨랐기 때문이라고 하죠. 하지만 가솔린엔진의 성능이 좋아지면서 전기자동차는 짧은 생을 마감했어요. 일등만 기억하는 세상 같지만 최고보다는 지금보다 조금 더 나은 것을 선택하게 되는 경우도 많은 것 같아요.

동수 : 전기자동차는 1970년대 석유파동 때도 부각되었죠. 기술적 난점을 해결하지 못하고 실패했는데 요즘 다시 부각되고 있네요. 에너지 문제가 대두될 때마다 유행처럼 전기자동차 이야기가 나오는 것 같아요. 전기자동차가 상용화되고 있다고는 하지만 전자제어시스템이 현재 화석연료를 사용하는 자동차들보다 복잡해서 더 제어하기 힘든 오류들이 발생할 수 있어요. 도요타 자동차 사건은 뒤늦게 '눈 가리고 아웅' 하듯이 해결하려다가 문제가 커진 것이고요.

| 편리함과 빠른 속도를 원했던 인류, 자동차를 짝사랑하게 된 인류 |

인숙 : 빠른 속도를 얻기 위해 사람들이 현재의 자동차를 만들었는데 최고 시속 60킬로미터인 전기자동차는 사람들을 만족시키기엔 역부족일 거예요. 에너지와 환경이라는 심각한 문제만 아니었더라면 다시 등장하지 않았을지도 모르고요. 문제를 해결하려는 사람들의 의지는 접었다 폈다 하는 새로운 형태의 자동차를 만들 수도 있고, 움직이는 방법이 지금의 굴러가는 형태가 아니라 미끄러지거나, 저벅저벅 걷거나, 폴짝폴짝 뛰는 것 같은 완전히 다른 방식의 이동 수단

세계 최초의 자동차라 할 수 있는 퀴뇨가 제작한 증기삼륜차

을 발명할 수도 있어요. 그렇게 되면 우리가 살고 있는 도시와 마을의 형태도 지금과는 다른 모습이 되겠죠. 자동차의 변화만으로도 세상을 바꿀 수 있다니 세상이 좁아지긴 했네요.

동수: 최초의 자동차와 비교해보면 자동차의 변화는 정말 놀라워요. 18세기 후반에 프랑스의 니콜라 조세프 퀴뇨라는 군인이 만들었던 그 자동차는 바퀴가 세 개이고 구리 보일러를 앞에 단 형태여서 운전자가 차 앞쪽을 볼 수나 있을까 싶었어요. 포차로 쓰려고 만든 이 자동차는 퀴뇨가 무거운 것을 옮길 수 있다고 호언장담하고 만들었는데 모퉁이를 돌다가 넘어져서 결국 퀴뇨는 감금되었다고 하네요. 웃어야 할지 울어야 할지…….

지원: 19세기에 최초로 내연기관이 개발되었는데, 벤츠가 가솔린을 이용한 내연기관으로 자동차를 만들면서 본격적인 자동차 시대가 시작되었죠. 19세기에 하이브리드차의 시초라고 할 수 있는 포르쉐의 '믹스테MIXTE'도 만들어졌고 전기자동차도 만들어져 미국과 유럽에 전기자동차를 위한 충전소도 있었다고 해요. 그러다 미국 텍사스에서 원유가 발견돼 값싸게 석유가 공급되면서 가솔린 자동차가 경쟁력을 갖게 된 거죠.

인숙: 가솔린엔진은 석유라는 새로운 에너지원을 등장하게 했어요. 그 후 지구는 석유를 확보하기 위해 항상 분쟁 중이죠. 석유 사용은 온난화라는 새로운 문제를 지구에 안겨주고 있고요. 석유를 에너지원으

로 한 교통수단의 발달로 지구는 하나가 됐다고 할 수 있죠. 그러다 보니 다툼과 어려움도 더 많아지고 함께 풀어야 할 문제도 많아, 사람들의 이기심을 시험하는 장이 된 것은 아닌가 하는 생각이 들어요.

지원: 그래요. 자동차 없이는 생활이 마비되는 시대에 살면서 환경도, 편리함도, 또 소장품의 가치도 생각해야 하니 골치가 아프네요. 환경을 위해서 전기자동차로 회귀하고 있지만 아직은 내연기관의 효율을 높이는 것이 현실적 대안인 듯해요. 게다가 오랜만에 만난 친구에게 나의 사회적 위치를 알려주는 잣대 역할까지 하는 자동차 광고를 생각하면……, 한마디로 자동차는 '기계 이상'이죠.

문영: 없으면 불편함이 더 없이 크게 다가오는 자동차는 사람들의 짝사랑 대상이 되어버린 듯해요. 지금은 사랑하는 자동차를 위해 무한히 석유를 퍼줄 수 없다는 것이 문제죠. 허리띠를 졸라매고 절약하는 마음으로 에너지 효율을 심각하게 생각해야 하는 시대가 왔으니까요. 하이브리드 자동차, 연료전지 자동차, 전기자동차가 더 이상 내일의 대안이 아니라 오늘의 우리를 살리는 구제책인 것만은 틀림없어요.

1902년 페르디난트 포르쉐와 야곱 로너가 제작한 최초의 하이브리드 자동차 로너-포르쉐 믹스테(Lohner-Porsche Mixte)

| 둥근 바퀴를 발명한 고대인의 지혜가 다시 필요하다 |

동수: 둥근 바퀴를 만들어 마찰을 줄이고 효율을 높였던 고대인들의 지혜가 다시 한 번 필요한 시점이네요. 제임스 와트는 토머스 뉴커먼의 증기기관에 바퀴를 하나 달면서 직선운동을 회전운동으로 바꾸고 기존의 4분의 1 정도 연료로 작동할 수 있는 경제적인 기관을 만들었죠. 단지 바퀴 하나 단 것으로요.

인숙: 사람들이 많은 걸 갖게 되면서 그것을 운반하기 위해 수레와 바퀴가 탄생된 것은 아닌가 하는 생각을 해봤어요. 많이 가지면서 교환이 필요하게 되고 그러한 필요에 의해 기술이라는 문명이 발달한 거죠. 지금 우리가 누리는 생활의 편리는 바퀴에서 시작되었을 수도 있어요. 진시황이 수레바퀴 폭을 일정하게 통일했을 때 중국은 진정한 통일이 되었다고 하듯이 바퀴가 편리의 시작이라는 게 큰 비약은 아니라고 생각해요.

지원: 바퀴의 탄생이야말로 작은 차이가 큰 결과를 만들어낼 수 있다는 창의적 사고의 좋은 예가 되겠죠. 당장은 자동차들이 하이브리드 자동차처럼 내연기관과 대체에너지의 혼합 형태겠지만, 궁극적으로는 틀을 벗어나는 새로운 방식의 이동수단이 필요할 것 같아요.

문영: 방사능 물질에서 나오는 'SRG'라는 열에너지로 스털링엔진을 돌리는 외연기관이 있더라고요. 옛 방식으로 치부되는 외연기관이 첨단연료를 만나 어떻게 변신할지 궁금하지 않나요? 나중에 전기자동차 일색이 되면 엔진이 뭐냐고 물어보는 아이들도 있을 수 있겠죠. 그렇게 되면 '부르릉' 거리는 소리와 덜컹대는 움직임도 우리만의 추

억거리가 되겠는데요.

| 자동차 '키트'는 뭇사람의 로망 |

지원: 예전에 미국 드라마에서 본 '키트'라는 자동차가 생각나네요. 늘 그런 자동차가 로망이었어요. 자동차라면 그 정도는 되어야 '스스로'라는 표현이 적합하지 않겠어요? 지금 생각해보면 자동차과학과 정보기술의 첫 융합체가 아니었나 싶어요. 상상이 현실이 된 거죠. 제 상상을 한 가지 덧붙이자면 자동차를 영화 〈터미네이터〉에 나오는 로봇처럼 형상기억합금으로 만드는 거예요. 안 탈 때는 아주 작게 변신해서 사물함 같은 곳에 보관할 수 있게요. 그럼 주차난도 해결할 수 있겠죠? 상상해야 이루어지잖아요. 지금은 그 정도 성능을 다 사용하려면 에너지를 얼마나 소모해야 하나 걱정이 앞서기도 하지만요.

문영: 저도 죽기 전에 '키트' 같은 차를 타는 것이 작은(?) 소망인데, 이

1982년부터 1986년까지 미국 NBC에서 방영된 〈전격 Z작전〉에 등장했던 인공지능 자동차 키트(KITT)

런 무인자동차도 이미 어느 정도 만들어졌더라고요. 스스로 도로 환경과 상황을 판단해 목표지점까지 주행할 수 있는 센서, GPS 수신장치, 카메라에 통신 기능까지, 하드웨어와 소프트웨어는 어느 정도 갖추어졌어요. 그러고 보니 자동차야말로 첨단기술의 융복합체라는 것이 팍팍 느껴지네요.

동수: 더 이상 자동차 발달에만 첨단기술을 사용하던 시대는 지나간 것 같아요. 도로를 달리면서 충전되는 온라인 전기자동차 투자에 대해 찬반 논란이 있던데, 이제는 도로와 자동차를 한 덩어리로 생각해야 하는 시대가 온 거죠. 자동차를 내조하는 도로의 대표는 전자칩이 들어간 똑똑한 도로, '스마트 로드'가 되겠군요.

인숙: 도로와 그 위를 달리는 자동차와의 소통이라니 놀라운 일이군요. 사람의 기술과 생각이 물건과 물건의 소통에까지 미치다니 머지 않아 사람의 조정 없이 직접 소통하는 기계세상이 오는 것은 아닌지하는 생각에 미래 도시를 상상하게 되네요.

동수: 운전을 하다 보면 '대한민국은 공사 중'이라는 느낌이 들어요. 자고나면 새로운 도로가 생겨나죠. 발전만이 능사는 아닌 것 같은데……. 어쩌면 천천히 함께 갈 수 있는 방법을 생각하는 것이 더 효율적일 수 있다는 생각이 들어요. 사패산 터널 공사 때도 환경계와 불교계의 반대로 건설이 지연되다가 다시 협상과 조정을 거쳐서 결국은 완공되었잖아요. 처음부터 앞만 보지 말고 옆도 보면서 소통을 하고 일을 진행시킨다면 결과적으로 더 빠른 시간에 성과를 내지 않았을까요?

| 사람을 배려하는 자동차, 행복한 자동차 |

문영: 〈카〉라는 만화영화 보셨나요? 맥퀸이라는 잘 나가는 경주용 자동차가 길을 잘못 들어 고속도로에서 벗어나 국도로 들어가요. 그리고는 고속도로 때문에 인적이 끊긴 국도변의 쓸쓸한 마을에서 며칠을 보내죠. 마을에서 지내는 동안 성공하기 위해 놓친 많은 것들—사랑과 우정, 여유—의 중요성에 대해 새삼 깨닫는다는 내용이에요. 강원도 쪽으로 새로 뚫린 고속도로를 달리다가 몇 년 전까지 제가 이용했던 예전 도로를 보며 그 만화영화를 떠올렸어요. 너무나 빠른 변화 속에서 느림의 미학을 잃어가고 있는 것은 아닌지 모르겠어요.

지원: 교통수단이 발달한 이유에는 빨리 가고자 하는 목적이 있었잖아요. 시간적인 효율을 따지다보니 점점 더 빠른 운송수단을 개발하게 된 거구요. KTX를 타면 대전까지 한 시간이면 갈 수 있어요. 빠른 대신에 기차를 타고 가면서 창밖의 풍경을 감상하는 여유는 없어진 것 같아요. 때로는 느림도 필요하고 때론 빠름도 필요하겠지만 그런 것들을 선택할 수 있는 지금의 우리가 진짜 행복한 걸까요?

인숙: 기술의 발전은 사람들에게 편리함을 주지만 행복은 그 기술을 어떻게 이용하느냐를 선택하는 개개인의 가치에 있다고 생각해요. 제 생각에는 빨라지고 넓어진 세상은 더 많은 선택을 해야 하고 갈등도 더 많아져서 더 행복하진 않을 것 같아요. 그래서인지 사람들도 옛날의 기억을 떠올리며 과거에서 행복을 찾으려는 경향이 있는 것 같고요. 나도, 시간도 변해버린 지금이라는 시대에는 과거와는 다른

행복이 필요한데 말이에요. 지금 이 순간의 행복을 놓치지 않았으면
해요.

동수: 친환경 자동차도 행복하기 위한 선택인데, 시범 운행하던 전기
자동차에 불이 난 사건으로 친환경 자동차의 안전에 대한 우려도 생
기더군요. 사람을 향한 배려가 있는 자동차야말로 미래에 있어야 할
이상적인 교통수단이 아닐까요?

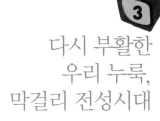

다시 부활한
우리 누룩,
막걸리 전성시대

66 막걸리는 설렘이고 흥이다. 막걸리를 소재로 이야기를 하기 위해 술을 직접 빚어보려고 했다. 막걸리 만드는 방법을 찾아보고, 누룩을 사기 위해 이곳저곳 알아보았다. 술이 익으면 친구들에게도 나눠주고, 친척들도 초대해 음식을 대접해야겠다는 야무진 계획도 세웠다. 결국 편의점 생막걸리가 우리의 수다 자리를 차지했지만 준비하는 기간 내내 함께할 생각에 행복했다. 막걸리, 너 그동안 어디에 있었던 거니? 99

| 추억을 마시는 막걸리에 관한 아련한 기억들 |

문영: 아이가 어려 거의 외출을 못하는 저도 요즘 막걸리의 인기를 느끼고 있어요. 막걸리를 소재로 한 드라마, 다큐멘터리, 맛집 정보들. 요즘 애기 아빠도 한잔하고 오면 그 한 잔의 정체가 보통 막걸리더라고요. 막걸리 이야기가 여기저기서 들리니 '맞아, 막걸리가 있었지, 내가 왜 잊고 있었지?' 싶어요. 뭐랄까 돈을 빌리려고 이 친구, 저 친

구를 찾아다니다가 집에 비상금 숨겨놓은 것이 생각난 느낌이랑 비
슷하다고 해야 하나.

인숙: 막걸리는 암울했던 학창시절에 한 줄기 위로였어요. 정의를 외
치며 고민하던 학생들의 한풀이에 막걸리가 빠지지 않았죠. 눈물이
있고, 흐트러짐이 있고, 체념의 흥얼거림이 있던 방황의 시간에 막
걸리가 있었어요. 뛰쳐나가지 못하는 나약한 이들의 아픔을 휘휘 저
어 걸러주던 보약이었던 거죠. 더듬어보면 누구나 아픈 추억 하나쯤
은 있을 텐데 내게는 막걸리가 그런 존재 같아요.

동수: 대학시절 농촌 봉사활동을 갔을 때 농부 아저씨들이 주시던 막
걸리가 생각나네요. "아! 달다" 하시던 그 술맛은 잘 몰랐지만 논일
을 하다가 새참으로 막걸리를 꼭 마셨어요. 고된 농사일에 추임새
역할을 막걸리가 했지요. 흥을 아는 민족이라 그런지 우리나라 사람
들은 술을 즐겼던 것 같아요.

지원: 대학 때 스포츠 동아리 활동을 했어요. 고된 훈련 뒤에 뒤풀이로 막걸리를 한 잔씩 돌려마시곤 했죠. 신입생이었고 원래 술을 잘 못 하는 데다 훈련 뒤 몸이 많이 힘들었는지 처음 맛본 막걸리가 저를 그대로 고꾸라지게 만들었죠. 결국 코치가 집까지 데려다주었는데 지금은 가족이 되었어요. 그러니 저 또한 막걸리에 대한 추억하면 빠질 수가 없네요.

| 종합영양제나 다름없는 막걸리 |

동수: 술을 못 마시는 사람 입장에서는 믿기 어려운 이야기들이지만, 막걸리를 마시고 혈당이 낮아졌다는 사람, 변비가 없어졌다는 사람, 지루하고 힘든 암 투병생활을 가끔 마시는 막걸리로 이겨냈다는 사람도 있더라고요. 각종 유기산들은 갈증해소와 체내 피로물질을 제거하는 데 도움이 되고, 발효 찌꺼기로 남겨진 섬유질은 장에 이롭다고 하네요.

지원: 생막걸리에 들어 있는 효모는 어떻고요. 효모는 그 자체가 단백질 덩어리예요. 다양한 아미노산을 풍부하게 가지고 있고, 유전이나 단백질 합성을 지배하는 중요한 물질인 핵산도 풍부해요. 비타민도 풍부하죠. 더욱이 밝혀지지 않은 효모의 생리활성물질들은 막걸리를 더욱 빛나게 하는 영양성분들이에요. 고혈압 유도 효소를 저지하는 효과도 있고 암세포의 성장억제 효과도 있다네요. 하지만 이런 핑계로 도를 넘어 마신다면 결국 독이죠.

문영: 유산균도 빼놓을 수 없어요. 요구르트와 비슷한 정도이거나 더

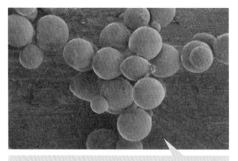
빵이나 막걸리의 발효에 이용되는 미생물인 효모를 확대한 사진

많이 들어 있기도 하죠. 유산균이 장속에 들어가면 장내 산도가 높아지고, 그러면 잡균의 번식을 막을 수 있어요. 구연산과 호박산 같은 유기산도 적당히 있는데, 유기산은 신진대사를 촉진해 피로회복에 좋고 피부미용에도 좋아요.

지원: 피부미용 하니까 생각나는데, 누룩을 찾으려고 인터넷을 검색하다 보니 분말로 만든 마사지용 누룩 팩이 많이 있더라고요. 누룩이 발효되는 과정에서 생기는 코직산이 미백에 아주 효과적이고 보습과 주름개선 기능까지 한다니 웬만한 기능성 화장품보다 다재다능하단 생각이 들던데요. 게다가 화학첨가물 없는 제대로 된 천연 화장품이잖아요?

| 우리 누룩의 부활을 응원한다 |

문영: 그렇게 우리 누룩이 상품으로 팔린다니 마음이 놓이네요. 막걸리가 인기지만, 우리 누룩의 수요는 별로 늘지 않았다는 기사를 본 적이 있거든요. 시중에서 파는 보통의 막걸리는 발효를 위해 백국균 Aspergillus kawachii을 쓰는데, 백국균은 일본에서 증류식 소주를 만들기 위해 선별된 균주예요. 자체적으로 산생성력이 무지하게 세서 주변

을 산성으로 만드는데, 이런 환경이 잡균의 오염을 방지해줘요. 결과적으로 발효 속도는 높이고 술의 실패율은 낮춰주지요.

인숙: 컬컬하고 거친 맛으로 푸대접을 받던 막걸리가 다시 주목을 받더니 이제는 여성들이 더 즐겨 마신다는 등 분위기가 사뭇 달라진 듯해요. 하지만 색깔도 다양해지고, 담아내는 그릇도 화려하고, 곁들여지는 먹을거리도 담백해져서 이름만 막걸리지 예전의 정겨운 느낌을 찾을 수가 없어요. 세련되고 멋있어졌지만 텁텁한 맛과 시큼한 향에서 오는 걸쭉함은 전만 못하더군요. 발효균이 달라져서인가요?

동수: 누룩은 곡물에 누룩곰팡이를 번식시킨 것인데 TV 드라마에서 우리 누룩을 만드는 과정이 나오더군요. 곡식을 쪄서 발로 밟은 후 둥그렇게 빚어내 자연발효를 시키죠. 누룩곰팡이는 현재 알려진 것이 50가지 정도 되는데, 자연발효 과정을 거친다는 건 하나의 균이 아니라 여러 가지 균이 배양된다는 의미예요. 일본식 누룩은 홑임(낱알) 누룩으로 보통 곡식을 찐 후 뭉치는 과정을 거치지 않아요. 오히

막걸리 같은 술을 빚을 때 중요한 재료인 누룩과 누룩에 핀 누룩곰팡이

려 낱알을 잘 펴서 종균을 뿌려주죠. 요구르트를 집에서 만들 때 우유에 유산균을 넣어주는 것과 비슷하게요. 우리 누룩은 곰팡이가 피려면 한 달 이상 기다려야 하지만, 일본식으로 하면 이틀만 지나도 술을 빚을 수 있대요. 더구나 하나의 균만 있으니 발효 후 술맛도 일정해서 시판되는 발효 제품에 일본식 누룩이 사용되는 모양이에요.

인숙: 우리 농부들이 막걸리를 마시고 내뱉던 탄성은 자연발효 누룩에서 오는 잡균들의 어울림일까요? 우리 막걸리는 발효를 위해 시간이 필요한 기다림의 술이네요. 하지만 마저 기다리지 못한 미완의 술이기도 하죠. 가라앉히고 거르는 정제 단계를 거치지 못한 성급한 술 말이에요. 그래서인지 막걸리는 기다리다 순간을 참지 못하고 어리석어지기도 하는 보통 사람들의 삶과 닮아 있어 친근하기도 해요.

문영: '좀 더 빨리, 좀 더 많이'가 요구되는 세상이다 보니 우리 누룩은 경제성이 떨어지는 발효제 취급을 받아 설자리를 찾지 못하고 있네요. 하지만 우리 누룩으로 빚은 인기 막걸리도 찾아보면 있더라고요. 그 인기 막걸리 주인이 인터뷰하는 것을 봤는데, 이사를 가서 누룩을 만들어 술을 빚었더니 술맛이 다르더래요. 그래서 할 수 없이 살던 곳으로 돌아왔다더군요.

지원: 메주의 수만 가지 미생물 중에서 알려진 건 채 10퍼센트가 안 된대요. 우리 누룩도 생전분을 그대로 사용해 메주처럼 빚어서 자연발효를 하기 때문에 밝혀지지 않은 미생물들도 발효과정에 참여해요. 공기 중의 곰팡이, 효모, 세균 등……. 한마디로 미생물의 총체라 할 수 있죠. 그러니 표준화하는 작업이 쉽지 않을 거예요. 하지만 사람들의 입맛이 다양하듯 다양한 누룩의 막걸리가 지역문화를 담아 더

많이 보급된다면 우리 문화의 풍요로움으로 이어지겠죠.

| 차세대 발효산업을 우습게 여기지 마라 |

동수: 보릿고개처럼 굶주리는 시기는 없어졌지만 식량문제는 여전히 간과할 수 없는 중요한 사안이죠. 선진국의 다국적 곡물회사가 세계 식량산업을 좌우하면서 식량이 무기화되고 있어요. 이런 현실에서 식량자급률이 낮은 우리나라가 주목해야 할 분야는 발효산업이라고 생각해요. 그러려면 우리 발효식품에 들어 있는 미생물에 대한 연구가 정확히 수행되어야겠죠.

인숙: 집집마다 김치를 얻어 그 안의 미생물을 조사한 연구소가 있더군요. 그 가운데 어느 한 집의 김치가 유달리 신선한 것을 보고 미생물을 추출해 다른 곳에 넣었더니 쉽게 부패가 일어나지 않더래요. 이를 잘 연구한다면 보존제로 상품화할 수 있지 않을까요?

문영: 좋은 흙을 구해 연구하는 분들도 계시던데요. 그분들은 방선균이 많이 들어 있는 흙이 좋은 흙이라고 하더군요. 방선균은 흙 속의 유기물을 분해하고, 스트렙토마이신이나 테트라시클린 같은 항생물질을 생산해내요. 흙을 연구하다가 항생물질을 만들어내는 새로운 방선균을 찾는다면 또 다른 금맥이 되겠죠.

우리나라의 대표적인 발효식품인 김치

지원: 방선균은 감자나 고구마에 병을

일으키기도 하고, 소 입속의 상처로 몸 안에 침입하게 되면 골 조직을 파괴하고, 종양을 만드는 방선균병을 일으키기도 해요. 인간의 입장에서 보면 미생물 자원도 두 얼굴을 가진 야누스죠. 이익과 위험의 두 능력을 적절히 사용할 줄 알았던 것이 인간을 이제까지 살아남을 수 있게 한 진정한 생존 본능이 아닌가 생각되기도 하고요.

인숙: 장수 노인이 많은 나라로 알려진 불가리아와 일본은 요구르트와 낫또의 나라로 알려져 있죠. 그런데 그들보다 많은 발효식품을 가진 우리는 세계를 통합하는 맛을 가지지 못했어요. 사람들은 우리 발효식품을 냄새가 고약하고 정확한 맛과 분량이 정해지지 않은 비과학적인 음식으로 무시해 왔죠. 그러나 지금은 다양한 조건에 따른 변수까지 계산한 훌륭한 경험과학의 산물이란 게 증명되고 있어요. 물과 공기와 바람의 흐름까지 계산에 넣었고 그 안에 살고 있는 숱한 미생물의 활성에도 정성을 들인 실험과학이죠. 선조들의 지혜를 모은 다양한 시도와 방대한 자료를 함부로 방치했던 우리 어리석음이 아쉬워요. 지금이라도 사라지지 않도록 전통식품을 계승하는 데 힘을 쏟아야 하지 않을까요?

동수: 예로부터 손맛은 어머니의 정성에서 나오는 것이라고 하면서 중요하게 생각하잖아요. 그것이 사람마다 손에 묻어 있는 미생물 때문이 아닐까 하는 엉뚱한 생각을 해봤어요. 과거에는 미생물을 죽이고

없애서 나에게 유리한 환경을 만들어 살아나가는 것이 하나의 생존 방법이었겠지만, 앞으로는 공존하면서 우리 편으로 만드는 지혜로운 생존방법을 선택해야겠죠. 우리 유전자에는 미생물과도 사이좋게 지낸 훌륭한 생활방식이 천 년 넘도록 스며들어 있으니 발효산업의 강국이 될 기본은 갖추고 있는 셈이네요.

| 따스하고 편안한 정을 주는 막걸리가 좋다 |

지원: 집집마다 빚어 맛과 향기가 다양하던 수많은 술들이 사라지게 된 것은 식민지 시대의 조세법 개정 때문이었죠. 조세법 개정 이후 세율이 높아지자 막걸리 양조장들이 사라져갔어요. 1960년대 들어서는 국세청 주도로 양조장 통폐합작업이 이루어졌고, 막걸리의 다양성은 계속 줄어들었죠. 이후에도 정부의 주류정책은 효율적인 관리에 초점이 맞추어져 있었는데 1991년부터 막걸리를 보호하기 위해 주세를 5퍼센트 낮췄어요. 요즘은 정부가 나서서 막걸리의 세계화를 추진한다고 하니 다행이네요. 정책 때문에 막걸리가 다시 잊혀지는 술이 되지 않기를 바라요.

문영: 막걸리를 좋아하는 이유는 다양하겠지만, 저는 막걸리가 주는 따뜻함과 편안함이 좋아요. 그런 느낌은 소주나 맥주에서는 느낄 수가 없어요. 막걸리를 마시면 어릴 적 방학 때마다 놀러갔던 시골 할머니, 할아버지가 생각나요. 막걸리는 우리 문화를 쉽게 담을 수 있는 술이 아닌가 싶어요. 막걸리에 우리 문화를 같이 실어 멋진 콘텐츠가 있는 술로 특별해지면 좋겠어요.

인숙: 막걸리는 누구라도 돋보이게 해주는 술이지 않나요? 대통령이 마시면 친서민적으로 보이고, 농군이 마시면 고된 농사일의 피로를 덜어주고 흥을 돋워주는 삶의 지혜로 보이고, 학생들이 마시면 젊음의 열정으로 보이고요. 어느 누구와도 어울리고, 어떤 자리에서도 사람들을 편안하게 해주는 막걸리가 우리 사회에 새로운 소통의 장을 만들어주면 좋겠어요.

동수: 잘 발효된 막걸리는 과음만 하지 않는다면 정말 약이라고 하더군요. 누군가 저에게 가장 돌아가고 싶은 시절이 언제냐고 물어보았는데, 이상하게도 '20대 초반'이라고 답한 것이 아니라 '지금이 제일 좋아!'라고 대답했어요. 20대의 상큼한 젊음은 아쉽지만, 오히려 막걸리처럼 제법 숙성되어 있는 지금이 가장 좋다고 생각했거든요. 사회도 그렇겠죠? 다툼과 상반된 입장으로 어느 정도 부글거리다가 합의점을 찾는 잘 숙성된 사회, 잘 숙성될 때까지 서로 기다려주는 사회, 막걸리가 그런 세상을 꿈꾸게 하네요. 지화자!

오랜 생활의 벗,
플라스틱의
놀라운 변신

> 바쁘게 새로운 사람들을 만나며 사회생활을 하다가도 문득 어릴 적 친구들이 그리워질 때가 있다. 옛 친구를 오랜만에 만나면 때론 변한 모습이 낯설게 느껴지기도 한다. 블로그에 스마트폰에 대한 포스팅 정도는 해야 시대의 흐름에 발맞추어 가는 것 같은 오늘, 어릴 적 친구만큼이나 오랫동안 가까이해온 편안하고도 친숙한 재료 '플라스틱'의 변신 이야기를 해보고 싶다.

| 깊은 산속 산사의 김장 풍경에도 플라스틱이 |

동수: 분리수거를 하는 날이라 페트병과 페트병 겉을 싼 라벨 폴리프로필렌PP, 그리고 뚜껑인 고밀도 폴리에틸렌HDPE을 따로 분리하고, 재활용 표시인 삼각형 마크가 있는 과자봉지도 따로 담아서, 재활용 교육도 시킬 요량으로 아이와 함께 아침 일찍 분리수거 장소로 나갔어요. 그런데 재활용품을 가져가는 업체에서 무슨 기준인지 페트병

친숙한 생활용품이지만 환경오
염의 주범이기도 한 플라스틱

따로, 뚜껑과 다른 플라스틱도 따로 분리하더니 라벨인 폴리프로필
렌과 과자봉지는 재활용이 안 된다면서 쓰레기 종량제 봉투에 버리
라고 하더군요.

문영: 뭉뚱그려 모두 플라스틱이고, 달라봤자 거기서 거기라고 생각했
는데 알고 보면 종류도 정말 많더라고요. 페트병, 플라스틱 반찬용
기처럼 딱딱한 물건은 당연히 플라스틱이라고 생각하는데 과자봉
지, 스타킹, 비닐봉지처럼 쉽게 변형되는 물건은 플라스틱이라고 의
식하지 않아요. 분리수거 품목이 아닌 경우도 있어서 잘 썩지 않을
텐데 걱정하며 종량제 봉투에 구겨버리게 되더라고요.

동수: 분명히 인터넷에서 폴리프로필렌도 재활용이 된다고 확인했고
가격이 저렴해서 많이 응용되는 플라스틱이라고 들었거든요. 재활
용 표시까지 되어 있는데 수거하지 않는 업체도 이해되지 않았어요.
재활용 표시를 붙여서 소비자만 헷갈리게 하는 정책에도 화가 나고
민원이라도 제기해야 하는 것인지. 아이에게는 어떻게 말해야 하는

것인지 머리만 복잡해지더라고요.

지원: 진정하고, 플라스틱에 대해 이야기해 보는 건 어때요? 플라스틱
은 잘 썩지 않는다는 점과 석유에서 추출하는 제품이라는, 막연하게
꺼림칙한 마음이 있었어요. 가볍고 사용하기 편해 즐겨 썼는데 환경
호르몬 이야기가 나온 뒤로는 여간 찜찜한 게 아니에요. '전자레인
지에 잠깐 데우는 건 괜찮겠지' 스스로 위안하며 잠깐씩은 사용하는
데 아이를 키우면서도 편리함을 저버리기는 어렵더라고요. 최근에
는 비스페놀A가 전혀 없고, 냉장고와 전자레인지에서도 환경호르몬
걱정 없이 사용할 수 있는 트라이탄이라는 새로운 친환경 플라스틱
용기도 개발됐더군요. 얼른 바꿔야지 생각하면서도 환경호르몬이라
는 게 눈에 보이지도 않고, 악영향이 쉽게 느껴지는 것도 아니라서
자꾸 미루게 되네요.

인숙: 환경호르몬에 대한 걱정스런 방송이 반복돼도 플라스틱 장난감
은 여전히 아이들의 가장 가까이에 있죠. 엄마 품에 안겨 잠든 아기
들조차 플라스틱 장난감을 입에 물고 있는 경우가 많잖아요. 문제가
생겨 뉴스에 보도되면 조금 조심하다가도 다시 알록달록 화려한 색
깔로 아이들을 유혹해요. 플라스틱의 유해성에 대한 인식은 늘었지
만 구체적으로 무엇을 어떻게 조심해야 하는지는 그저 막연하니, 편

폴리프로필렌, 폴리에틸렌, 폴리염화비닐, 강화유리, 트라이탄을 이용하여 만든 제품들

하고 값싼 것을 다시 찾을 수밖에 없죠.

문영: TV에서 강원도 깊은 산속 절에서 김장을 담그는 장면을 봤어요. 1000포기가 넘는 배추를 모두 플라스틱 통에 넣어 소금물로 절이더라고요. 모두 고무장갑, 비닐 앞치마, 고무장화를 착용하고요. 그렇게 다 만들어진 김치는 커다란 폴리염화비닐PVC 통에 담아 저장창고에 넣어두고요. 무공해 청정지역이라고 생각하는 산속 산사에도 편리함이라는 플라스틱의 매력이 스며들어 있었어요. 절의 김치도 그렇고, 우리 집 김치도 그렇고, 플라스틱과 김치가 오래도록 맞닿아 있을 텐데, 플라스틱 물질이 김치 속으로 스며들지는 않을까 걱정되더군요. 고생해서 만들었는데 보관 과정에서 몸에 해로운 음식이 되면 안 되잖아요.

| 알쏭달쏭 환경호르몬 걱정, 소비자의 알 권리를 잊지 않길 |

동수: 몇 년 전 환경호르몬이 나온다고 문제되었던 것이 폴리카보네이트PC로 만든 아기 젖병이었는데, 당시 많은 플라스틱 주방 용기들이 퇴출되고 강화유리한테 그 자리를 내주었죠. 그리고 이제 다시 트라이탄이라는 새로운 플라스틱이 자기 자리를 탈환하려고 나온 것 같아요. 소비자에게는 확실히 제공되는 자료가 없다 보니, 환경호르몬의 정의가 무엇인지조차 찾아보지 않으면서 막연한 공포만 느끼게 되는 것 같아요.

인숙: 환경호르몬은 사람 몸속에 들어가 호르몬의 작용을 방해하거나 혼란시키는 내분비계 교란 물질이에요. 화학구조가 체내 호르몬과

유사해 호르몬 대신 특정한 세포 수용체에 결합해 문제를 일으키죠. 천연호르몬인 것처럼 모방작용을 하거나 호르몬이 제구실을 할 수 없게 막아버리는 거죠. 1997년 일본 학자들이 "환경 중에 배출된 화학물질이 생물체 내에 유입되어 마치 호르몬처럼 작용한다."고 하면서 '환경호르몬'이라는 용어가 생겨났어요. 나라마다 환경호르몬으로 규정해 규제하는 화학물질의 종류는 다르지만, 현재 비스페놀A나 다이옥신 등 100여 종의 화학물질들이 환경호르몬으로 알려져 있죠.

지원: 맞아요. 무색투명한 아기 젖병을 만드는 폴리카보네이트의 원료인 비스페놀A가 바로 환경호르몬의 중심에서 논의됐던 물질이에요. 미국식품의약국은 기준은 설정돼 있지 않지만 비스페놀A를 줄이도록 업계에 권고하고, 일본은 2.5ppm 이하로 관리하고 있죠. 우리 식약청에서는 비스페놀A에 대해 시중 제품은 '대체로' 안전하지만 전자레인지로 데우면 녹아나올 수 있고, 표면에 흠집이 생긴 경우도 녹아나올 수 있다며 '잘' 사용해야 한다고 강조해요. 항상 느끼는 거지만 정부 발표가 좀 더 '과학적'인 근거를 제시해서 신뢰할 수 있었으면 좋겠어요.

문영: 생활 곳곳에서 플라스틱이 쓰이지 않는 곳이 없는데 플라스틱의 안전성에 대해서는 확신이 없죠. 그러니 쓰면서도 늘 찜찜할 수밖에요. 플라스틱 제조 과정에서 수많은 첨가제가 들어가

동물이나 사람의 몸에 유입될 경우 내분비계 이상을 일으키는 환경호르몬 일종인 비스페놀A의 화학식

는 걸 생각하면 그런 의심이 더 커져요. 주방용품 합성수지의 안전성에 대한 글을 읽은 적이 있는데 '안전하나 위해요소가 잠재돼 있다'고 나와 있더라고요. 안전기준조차 미더워하지 못하는 저 역시 가수 타블로 씨가 말했던 '진실에 관심이 있는 사람이 아니라서 믿고 싶어 하지 않는 사람'일까요?

인숙: 알고 따지고 규제를 만들어가는 것이 소비자들의 몫이라면 미처 알지 못했던 사실을 대중에게 알리는 역할은 언론이 맡아야 하겠지요. 한쪽으로 치우치지 않는 정확한 판단은 대중이나 언론이나 모두 필요하고요. 편리한 만큼 안전에 기울이는 시간과 노력도 더 필요해요.

│ 플라스틱 같지 않은 플라스틱의 화려한 첨단소재 │

동수: 플라스틱 사용이 그렇게 걱정된다면 사용하지 않으면 되는 것 아닌가요?

지원: 선택 아이템이라고 하기에는 무리가 있죠. 우리 생활에서 플라스틱이 쓰이지 않는 곳을 찾기가 어려울 정도니까요. 요즘 껌 광고를 통해 '저런 곳에까지 합성수지가 쓰이네' 하고 다시 알게 됐어요. 얼마 전 치과에서 '레진'으로 치료하라는 말을 들으면서 전에는 그저 보험이 적용되지 않는 재료라고 생각했는데 그것도 플라스틱이고요. 틀니나 안경렌즈도 다 플라스틱이죠. 의료용 플라스틱 같은 것은 아예 몸속에 넣고 생활하잖아요. 이젠 우리 몸의 일부가 된 거죠.

인숙: 요즘은 전혀 플라스틱 같지 않은 플라스틱을 발견할 때가 있어요. 화려한 드레스를 만들기도 하고, 미술관 벽면을 차지하는 작품

이 되기도 하고, 빛과 소리를 내는 악기가 되기도 하니 플라스틱의 활용은 생활용품에서 사람들을 즐겁게 하는 예술작품까지 그 쓰임이 많기도 하네요.

동수 : 우리가 걱정하는 사이에 플라스틱은 이미 미래형 소재로 진로를 잡은 것 같아요. 첨단소재로 사용되는 형상기억 플라스틱이나 강철보다 큰 강도와 내구성을 가지고 있는 탄소섬유 플라스틱은 비행기와 자동차에 적합한 첨단소재로 사용되니까요. 또 고순도 아크릴수지PMMA는 콘택트렌즈 재료인 줄만 알았는데 빛 전달 효율이 높은 플라스틱 광섬유의 재료로도 쓰이더라고요. 그래도 플라스틱의 으뜸은 나일론 스타킹 아닐까요? 각선미를 돋보이게 해주고 얇으면서도 추위를 어느 정도 막아주기 때문에 여자들이라면 포기할 수 없는 제품이죠.

문영 : 플라스틱은 에너지 효율을 높이고 환경오염을 줄이는 방향으로 진화하고 있어요. 전분을 이용한 생분해성 플라스틱, 미생물 생산 고분자화합물, 전원장치가 필요 없는 전자태그 플라스틱들도 나오고 있죠. 무공해 기술 개발이 활발하니 플라스틱도 친환경의 이름을 얻게 될 날이 오지 않을까요?

지원 : 플라스틱은 재활용이 되는 것과 재생이 되는 것, 상대적으로 열에 약한 것과 내열성이 좋은 것, 환경호르몬 성분이 함유된 것과 그렇지 않은 것처럼 정말 다양하게 분류될 수 있어요. 멜라민 수지 같은 것은 강도와 내열성이 강해서 어린아이들 식기에 많이 쓰이잖아요. 그런데 멜라민 가루를 분유에 섞어서 나라가 떠들썩할 만큼 문제가 됐던 적이 있었죠? 어떤 재료를 쓰느냐보다 어디에 어떻게 쓰느

한국 바스프(www.basf.co.kr)에서 만든 바이오 플라스틱

냐가 더 중요할 때도 많다니까요.

인숙: 석유화학 제조업체가 친환경 플라스틱 개발에 많은 투자를 하고 있다는 기사를 본 적이 있어요. 지속적인 녹색성장이 국가정책의 목표이니 강제적인 부분도 있겠지만 또 다른 기회가 될 수도 있겠다 싶어요. 석유를 대체할 다른 원료로 플라스틱을 만들 수 있다면 또 다른 경쟁력을 갖추는 것일 테니까요.

동수: 친환경 플라스틱에 관한 관심이 높아지고 있는데 볏짚이나 감자 껍질, 사탕수수 등에서 자동차 범퍼로 사용할 수 있는 바이오 플라스틱을 만드는 방법은 이미 개발되어 있다고 해요. 얼마 전에는 식물을 넘어 닭털의 케라틴을 이용해서 플라스틱을 만들 수 있는 기술이 개발되었다는 신문기사를 봤어요. 복합 원료의 50퍼센트 정도를 닭털로 채우면 석유에서 추출하는 폴리에틸렌과 폴리프로필렌 등 화학 재료를 훨씬 덜 사용해도 된다고 하니 신문에서 접하는 플라스틱의 재료는 참 다양해진 것 같아요. 아직은 많이 상용화되지 않았지만요.

지원: 아마도 가격경쟁력이 기존 플라스틱에 비해 떨어지기 때문일 거예요. 하지만 최근에는 옥수수로 만든 생분해성 플라스틱 제품을 종종 볼 수 있어요. 얼마 전에는 대형 마트에서 주는 일회용 요구르트 숟가락이 생분해성 플라스틱이라 놀랐거든요. 사용이 차츰 확대되고 있는 것이겠죠. 도요타나 포드 같은 대형 자동차회사에서도 바이오 플라스틱을 자동차 일부에 사용할 예정이라고 하고, 글로벌시장

분석회사인 '컴퍼니스앤마켓스닷컴'은 바이오 플라스틱을 포함한 재생 플라스틱이 앞으로 5년간 연평균 성장률 41.4퍼센트로 급성장할 거라고 발표했어요. 생분해성 플라스틱의 원료가 되는 식물을 대량으로 얻기 위해서는 기존의 플라스틱을 생산할 때보다 더 많은 이산화탄소가 방출될 수도 있다는 우려의 목소리도 있어요. 하지만 바이오 플라스틱의 비중은 앞으로 점점 커질 것 같네요.

$\sqrt{x^2} = |x| = \begin{cases} x & (x \geq 0) \\ -x & (x < 0) \end{cases}$

$a^m \cdot a^n = a^{m+n}$

$a^{-m} = \dfrac{1}{a^m}$

$a^0 = 1 \quad (a \neq 0)$

새로운
소통의 장르,
멀티세대의 글쓰기

> 문자는 세대 차이를 느끼게 한다. 밥을 먹으면서 연신 휴대폰으로 온 문자 메시지를 확인하는 나를 보고 친구가 '문자중독'이라고 놀린다. 어린 세대에게는 일상인데 왜 우리 세대에게는 중독으로 보일까? 일흔이 넘은 할머니가 휴대폰으로 문자 메시지 보내는 방법을 물어보기에 도와드리려고 보았더니 나와 다른 회사의 제품이라서 한참을 헤맸다. 왜 그리 열심히 배우시냐고 물었더니 십대 손자와 세대 차이를 느끼지 않고 싶어서란다. 사람을 중독시키는 것은 문자일까? 소통을 원하는 외로운 인간의 본성일까? 문자의 정체! 그것이 궁금하다.

| '한글 문자' 얘기에, 때 아닌 '문자 메시지' 토론 |

동수: 중학교 국어 선생님이 한글이 과학적으로 우수한 문자라는 설명
   을 하고 싶었는데, 문자라는 단어가 나오니까 졸던 학생들이 잠에서
   깨어나 토론을 시작하더래요. 얼마나 할 말들이 많은지, '어느 회사

문자가 더 빠르고 과학적이다', '이런 이유로 이 회사가 더 좋다' 이렇게 스스로 토론을 하더래요. 이 이야기를 들으면서 학생들의 반응이 수긍도 되지만 한편으로 좀 쓸쓸하기도 하고 격세지감이라는 말이 떠오르던데요.

지원: 문자에 대한 자료를 찾으려고 인터넷에서 '문자'를 검색했더니 '내 문자 씹는 남자친구 어떻게 해야 할까요' 이런 질문들이 검색되더군요. '문자'의 역사나 의미 뭐 이런 것들이 가장 처음 나올 줄 알았는데…… 애들 말로 '헐!' 소리가 저절로 나왔어요. 문자의 사전적 의미는 '인간의 의사소통을 위한 시각적인 기호체계'죠. 한자와 같은 표의문자가 있고 한글과 같은 표음문자가 있고요. 그런데 요즘 문자라고 하면 휴대폰 문자 메시지라는 인식이 더 일반화된 것 같아요. 예전에는 친구와 헤어질 때 하는 말이 '또 전화하자'였는데 요즘은 '응 문자해' 잖아요.

인숙: 문자는 사람들에게 역사라는 거대한 지혜를 가져다준 발명품이죠. 주고받는 말을 기록하고 생각을 표현하는 도구로서, 문자는 사람의 상상력이 만든 최고의 예술품이에요. 문자가 말을 표현하고자 하는 사람들 사이의 약속에서가 아니라, 사물을 표시하는 그림에서 시작되었다는 것은 자연의 위대한 힘에 대한 사람의 은근한 겸손인 동시에 도전이 아닐까요?

문영: 상형문자가 그림이 지닌 의미로만 해석되는 것은 아니에요. 17세기에 아타나시우스 키르허라는 독일 학자는 상형문자를 그림이 가진 의미로만 해석하지 않고 발음기호라는 가설을 바탕으로 해독하려 했어요. 그 후 프랑스 사람인 장 프랑수아 샹폴리옹이 로제타석의 내용을 해독하면서 그 가설이 옳다는 것을 증명했고요. 그러니까 상형문자는 상황에 따라 한자 같은 표의문자로 쓰였다가 한글 같은 표음문자로도 쓰인 거라고 볼 수 있어요.

동수: 이집트 상형문자가 암호화된 이유는 '신들만을 위한 문자' 를 표현하려 했기 때문이죠. 지배계층만의 특권을 가지기 위해서요. 지배계층만을 위한 문자가 아니라 널리 백성을 이롭게 하기 위해 만들어진 문자인 한글과는 대조적이에요. 소통을 위한 도구로서의 문자도 있고, 소통을 금기하려던 문자도 있네요.

문영: 이집트의 문자 체계는 그리스도교 신앙의 영향으로 그리스 문자에 의해 잠식되어 사라졌어요. 문자의 운명은 나라의 흥망성쇠와 함께 가는 것 같다는 생각이 들어요. 일본이 우리나라를 침략했을 때

그림문자 체계로 쓰인 이집트의 상형문자

이름을 일본식으로 바꾸게 하고, 한글을 쓰지 못하게 했잖아요? 요즘 패션계나 미술계에서는 한글에서 영감을 받아 멋진 디자인으로 승화시키는 노력도 하던데, 문자는 단순히 소통을 위한 기호라는 기능보다 더 큰 의미를 가졌다고 생각해요.

| 스마트한 휴대폰, 스마트하지 않은 관리 |

지원: 요즘은 '문자'라고 하면 문자 메시지를 전송할 수 있는 무선데이터 통신 서비스를 말하죠. 텍스트 형태의 메시지를 무선망을 통해 송수신하는 것 말이에요. 한번에 80~90바이트의 단문 메시지를 전송하는 것이 기본인데 요즘은 장문 메시지 서비스, 멀티미디어 서비스도 있어서 사진이나 동영상도 전송할 수가 있죠.

인숙: 문자 메시지 서비스는 우리나라보다 앞서 이동전화 시스템을 사용하고 있던 유럽에서 1991년 처음 등장했지만 퀄컴사에서 개발한 코드분할다중접속 방식으로 우리나라가 1997년 먼저 상용화를 시작했어요. 문자 서비스는 만나서 이야기를 주고받을 시간이 부족한 우리나라 학생들의 일상에서 그 어떤 소통수단보다 우위를 차지하며 '엄지족'이라는 새로운 계층을 만들고 있죠.

지원: 문자 메시지는 센터에 일시 저장되었다가 사용자 단말기 상태에 따라 전송되고, 단말기에서는 수신되면 확인 신호를 센터로 보내주어야 문자 메시지 전송이 끝나요. 전파 상태가 좋지 않아 확인 신호가 제대로 전달되지 않을 때에는 같은 메시지가 중복되는 경우가 생기게 되죠. 명절이나 크리스마스처럼 문자가 폭주하는 날에는 전송

채널이 너무 바빠 저녁에 보낸 문자 메시지를 다음 날 새벽에 받는 경우도 생기더라고요.

문영: 휴대폰을 다른 회사 제품으로 바꿨다가 문자 입력방식이 달라 익숙해

문자의 활용과 현대인의 생활까지 변화시킨 스마트폰

지는 데 한참 걸렸어요. 그 불편함을 해소하기 위해 2009년 표준화에 대한 논의가 있었다는데, 특허를 둘러싼 문제, 어떤 방식을 채택하느냐 하는 문제 등 여러 가지 해결해야 할 과제들이 많아서 나중으로 미뤄졌다고 하죠. 그 이후로 아무런 이야기를 듣지 못했어요. 통신업체들은 자기 회사의 문자입력 방식이 더 우수하다고 주장하며 이를 증명하기 위해 '문자 빨리 보내기 대회' 같은 것도 개최하고, 또 각종 매체에 한글의 우수성을 이야기하면서 실제로는 자기 회사 문자입력 방식의 우수성을 간접적으로 광고하고 있어요.

동수: 스마트폰에서는 기존 휴대폰의 문자 메시지 입력 방식도 가능하고 컴퓨터 자판과 같은 키패드를 사용할 수도 있어요. 사용자가 직접 만들어서 자신만의 입력 방식을 설정할 수도 있다고 하니 스마트폰이 일반화된 요즘은 표준화 작업이 의미 없어지는 것 아닌가요? 정책 결정의 속도가 발전하는 기술의 속도를 따라가지 못하고 있네요.

문영: 한 시민단체가 문자 메시지 요금원가가 3원이라며 문자요금 부과에 이의를 제기하는 서명을 받는 것을 본 적이 있어요. 한글이 휴대폰으로 문자 메시지 보내는 데 유용한 문자라서 그런지 하루 문자

사용량이 2억 건이 넘는대요. 이동통신회사에서도 문자 메시지 수익이 통화수익보다 더 많다고 하더라고요.

인숙 : 통화하는 것보다 단체문자 서비스를 이용하면 많은 사람과 빠르게 연락할 수 있어 편리해요. 그러나 문자를 받는 입장에서는 끊임없이 들어오는 광고 문자나 출처도 불분명한 스팸 문자까지 그때그때 삭제하지 않으면, 나중에 따로 시간을 내서 메시지함을 정리해야 하는 불편함이 있죠. 문자 서비스에서 수익도 많이 난다는데 소비자를 위해 스팸을 걸러주는 좀 더 확실한 서비스가 필요해요.

| 미래 정보사회에서 더 빛날 한글 문자 |

동수 : 문자 메시지나 컴퓨터에 적합한 문자체계는 상형문자가 아니라 자음, 모음을 조합하여 만들 수 있는 문자인 것 같아요.

문영 : 말을 기록하는 도구로서 알파벳은 적은 수의 문자로 많은 언어를 표현하는 경제적인 글자예요. 이집트인이 사용한 수백 개의 상형문자나 기본 문자만 1000여 개나 되는 한자에 비해 몇십 개밖에 안 되는 알파벳은 정말 편리하죠. 유럽의 많은 나라들이 자신들의 말을 표현할 문자로 알파벳을 선택한 것은 그런 면에서 당연한 일이 아닐까요? 알파벳이라는 말은 라틴어 '알파베툼'에서 유래했고, 알파베툼은 그리스어의 첫 두 글자인 '알파'와 '베타'를 나타낸다고 하죠.

인숙 : 자음만 있던 페니키아 문자가 그리스로 전파되면서 그리스 사람들이 모음이라는 새로운 체계를 만들게 되었대요. 문자가 없던 그리스인들이 다양한 자신들의 말을 표현하기 위해 잘 쓰지 않는 자음을

모음으로 바꾸는 영민함을 발휘한 거죠. 이렇듯 문자는 받아들이는 나라 말의 특성에 따라 변화하면서 진화하는 것 같아요. 단순하면서도 아름답게 말이에요. 오늘날 26자 알파벳이 읽는 방법은 달라도 많은 나라에서 문자로서 확고한 위치를 차지하고 있듯 말이에요.

지원 : 문자를 전송할 때 우리 학생들을 달인으로 만들 만큼 한글은 정말 빛을 발하죠. 한글의 과학성은 너무 들어 식상한 것 같지만 국내외에서 그 가치를 계속 평가하고 있어요. 미국 앨라배마주립대 김기항 석좌교수는 한글이 수학적 구조를 갖는 유일한 문자라고 주장하죠. 김 교수는 한글의 과학성을 분석한 여러 논문을 발표했는데, 순열과 한글로 암호문을 만들면 슈퍼컴퓨터도 수천 년 걸려야 풀 수 있는 암호문을 만들 수 있다고 주장하더군요. 한글은 점과 수평선, 수직선을 이동하고 회전시켜서 글자를 만들 수 있잖아요. 그리고 우리나라 문맹률이 최저인 것이 한국 엄마들의 교육열 때문인지 한국인이 똑똑해서인지는 모르겠지만 분명히 한글이 배우기 쉬운 언어라는 면도 기여하는 바가 적지 않다고 생각해요. 더욱이 한글은 융합의 시대인 미래에도 적합한 미래지향적인 문자라고 하네요. 한 글자에 한 소리만 대응되는 특성은 컴퓨터의 음성합성을 유리하게 하고, 음절모아쓰기는 정보처리 효율을 높인다고 하죠. 아무래도 세종대왕이 컴퓨터를 염두에 두고 한글을 만든 거 같아요. 후후.

조선시대 세종이 1443년 창제하여 1446년에 반포한 《훈민정음 해례본》(간송미술관 소장)

문영 : 한글이 체계적인 문자라는

것은 다 알려진 사실이잖아요. '천지인'의 원리로 모음을 만들고 사람의 발음기관을 본 떠 자음을 만들었는데 정확도가 현재 해부학의 수준을 능가하는 정도라고 하니까 정말 놀라워요. 한국어 사용자의 수가 세계 13위인데 디지털 활자의 관점에서는 세계 2위래요. 한국어가 세계 디지털 공용어로 등극할 날이 기대되네요.

| 멀티세대의 단문 쓰기, 새로운 소통의 도구일까? |

동수: 컴퓨터에 번호를 잘못 입력하는 바람에 모르는 사람들에게 문자 메시지를 보내게 됐는데 '누구세요?', '문자를 잘못 보내셨어요' 등등 남자 분들에게서 답장이 한꺼번에 오더군요. 너무 당황하고 미안해서 자초지종을 적어보냈어요. 그랬더니 '예, 알겠습니다', '좋은 하루 보내세요' 이렇게 답장이 오더군요. 낯선 사람과도 대화를 주거니 받거니 할 수 있다니 놀라웠어요.

문영: 친구와 아이의 알레르기 피부가 유전 때문인지, 환경 때문인지에 대한 이야기를 문자 메시지로 나누다가 화장실에 다녀오면서 내가 보낸 내용을 깜박 잊어버렸지 뭐예요. '우리 부모님은 없는데 나랑 동생은 있어' 하고 문자가 와 있길래 '너희 부모님은 어디 가셨니?' 하고 답장을 보내고 나서 '아하! 알레르기가 없다는 이야기구나' 했지요. 이미 문자 메시지는 발송됐고 혼자서 한참을 웃었어요. 예쁜 편지지를 골라 몇 번을 고쳐가며 쓰던 편지가 어느덧 향수가 되어 그립기도 하지만 툭툭 던지는 짧은 관심의 글들 또한 또 다른 추억과 재미를 만들어주는 면이 있어요.

지원: 요즘은 병원 예약 확인이나 노인대학 알림 사항도 문자 메시지로 보내더라고요. 문자를 사용할 줄 모르는 우리 어머니는 변경된 병원 예약을 알 수가 없어서 결국 몸이 고생을 하셨어요. 나이 많은 어머니 세대에 휴대폰 문자 배우는 건 새로운 언어 배우는 것만큼 힘든가 봐요. 현대사회를 살기 위해 끊임없이 익숙하지 않은 새로운 것을 배워야 하니 과학문명의 발달이 인류를 편리하게 한다고 하는데 더 치열해지는 것 같은 느낌이 들면서 앞으로의 노후가 걱정되네요.

동수: 단문 문자 메시지는 한 번에 최대 40글자까지만 보낼 수 있잖아요? 하고 싶은 많은 말을 80바이트 안에 구겨 넣어야 하다니 기계가 편리함을 주는 것인지 내가 기계에게 편리함을 주는 것인지 모르겠어요. 한정된 분량 안에서 많은 이야기를 전달하려고 하다 보니 알 수 없는 약어들도 생기고 질문인지 답인지 모호한 문장을 만들기도 해서 오해를 불러일으키기도 하죠. 서로 언어가 통하지 않으니 휴대폰은 현대판 바벨탑일까요?

인숙: 내 책상과 내 사무실에서 근엄하게 일을 하는 시대는 지났다는 말을 많이 들어요. 그래서인지 MP3를 들으며 공부하고, 수업시간에 문자를 주고받으면서 선생님 질문에 대답하는 멀티세대가 시대의 흐름인지도 모르죠. 여러 일을 동시에 처리하는 산만한 문자 세대가 그런 능력을 필요로 하는 시대를 살아야 할지도 모르니, 휴대폰을 뺏을 게 아니라 권장해야 하는 것은 아닌지 의구심도 드네요.

문영: 저도 줄임말이나 붙여 쓴 문장을 제 맘대로 해석해서 오해가 생긴 적이 있지만 뭔가를 시도했기 때문에 차이도 느끼고, 어려움도 느끼는 거라고 생각해요. 문자 메시지는 쉽고 편한 소통 수단임에

틀림이 없어요. 소통의 주체가 사람이니 기계로 생기는 단점은 따뜻한 관심, 정성과 사랑으로 충분히 극복할 수 있지 않을까요?

지원: 휴대폰으로 자기 자신에게 문자 메시지를 전송하는 방법으로 글을 쓴다는 어떤 작가는 새로운 글쓰기의 맛을 느껴보라고 하더라고요. 우리 세대는 원고지를 구겨 던지는 작가의 모습에 익숙하고, 요즘 세대는 컴퓨터 앞에 앉아 습작하는 모습의 작가를 상상하는데 우리 후손들은 휴대폰 문자 메시지로 쓴 글을 새로운 장르로 자리 잡게 하지 않을까 하는 기대도 하게 돼요.

동수: 손으로 쓰던 편지나 컴퓨터 자판을 두드리는 이메일, 휴대폰 문자 메시지까지 문자로 소통하는 것은 말로만 하는 것과는 다른 매력이 있는 것 같아요. 말로 하기 쑥스러운 것도 표현할 수 있고요. 말 나온 김에 가족들에게 사랑의 문자 메시지 하나씩 보냅시다.

수학을 보면
답이
보인다

" 길었던 꽃샘추위가 수그러들던 어느 봄날 이런저런 일로 심신이 지친 과학수다 팀은 오징어와 커피를 들고 〈뷰티풀 마인드〉란 영화를 봤다. 〈뷰티풀 마인드〉가 노벨경제학상을 받은 존 내쉬를 보살피며 자신의 삶을 희생했던 한 여인의 마음인지, 경쟁적 상황에서 모든 사람의 기대를 만족시키려 했던 존 내쉬의 이론에 담긴 마음인지, 또는 매순간 자신과의 치열한 싸움을 딛고 삶을 선택하는 모든 이들의 마음인지 알 수 없었지만 살아 있는 모든 것에 다시금 존경을 표하고 싶어졌다. '선택'에 관해 무수한 생각을 하게 하는 영화이자, 단순의 미학을 수학으로 보여주는 영화였다. 〈뷰티풀 마인드〉에서 '선택'이란 곤란한 문제의 속 시원한 답을 찾아보자. "

인숙: 영화 〈뷰티풀 마인드〉에는 그룹 데이트를 할 때 가장 인기 있는
　　　여자를 제외하고 만남의 자리를 만드는 것이 데이트를 원하는 모든
　　　남자를 만족시킬 수 있다는 존 내쉬의 엉뚱한 생각이 등장하는데 그
　　　부분이 저한테는 매우 인상적이었어요. 얼마 전에 다수의 경쟁자들

존 내쉬의 인생 굴곡을 보여
준 론 하워드 감독의 〈뷰티풀
마인드〉(2001)

이 다양한 시험을 거치면서 가장 낮은 점수를 받은 사람을 차례로 탈락시키는 방송을 본 적이 있어요. 이러한 '살아남기' 게임은 대부분 일등과 꼴등만이 찬사를 받거나 탈락하게 되죠. 나머지 사람들은 탈락하지 않았다는 안도감으로 만족감을 갖게 되고요. 이렇듯 상황에 참여한 사람들의 보편적인 만족에 관심을 두는 것이 노벨경제학상을 받은 존 내쉬의 이론이더군요. 그런데 살아남기 게임에서 일등이 탈락하면 안 되나요? 그러면 탈락한 사람도 기쁘고, 남은 사람도 살아남기 위한 고통스런 노력이 아니라 탈락하기 위한 즐거운 노력을 할 텐데…….

문영: 영화를 보는 내내 존 내쉬라는 사람이 엉뚱하고 이해가 되지 않았지만 참으로 놀라운 사람이란 생각을 했어요. 생각을 수식으로 표현하고, 갈등을 경우의 수로 풀어 문제를 해결하려고 했던 수학자 '존 내쉬'는 확실히 평범한 저와는 다른 뇌 구조를 가진 사람 같아요. 일상생활에서 일어난 상황을 수와 식을 이용해 27쪽짜리 논문으로 정리하다니 그의 발상이 놀라울 뿐이에요.

인숙: 그런데 그렇게 수에만 몰두했던 수학자 존 내쉬가 노벨경제학상을 타게 된 것은 경제를 바라보는 새로운 관점을 제시했기 때문이라고 해요. 존 내쉬가 살았던 시기 이전의 경제를 분석하는 방법으로는 그 시대의 경제 흐름을 설명할 수 없었던 경제학자들이 존 내쉬의 이론을 빌어 설명할 수 있게 된 거죠. 어찌 보면 시기적절한 행운이

따라준 노벨상이라고 할 수 있어요. 노벨경제학상에 대한 이야기가 나왔으니 경제가 무엇인지에 대한 이야기를 해보죠. 경제학자 아담 스미스는 경제를 가치의 생산이라는 면에 초점을 맞추어 설명했다고 생각해요. 생산이

1994년 노벨경제학상을 수상한 수학자 존 내쉬(John Forbes Nash Jr.)

라는 공급에 의해 가격이 결정된다고 해석한 거지요. 그리고 보이지 않는 손인 시장에 의해 적정한 가격이 형성된다고 했으니, 시장에 의한 적정한 가격형성은 공공이익의 실현을 추구한 것이라고 볼 수 있고요. 물론 이건 제 짧은 소견이지만요. 그에 반해 존 내쉬의 경제는 가치의 분배이고, 수요자를 만족시키는 측면에서 가격이 결정되며, 예상한 전략과 경쟁자와의 소통으로 이익을 실현한다는 새로운 이론이죠. 자유주의 경제체제에서 경쟁자 간의 담합과 국가의 개입을 이끌어낸 혁명적인 발상이고요.

동수: 저는 영화를 보면서 노벨경제학상이나 경제가 무엇인가보다는 사람들이 얼마나 다를 수 있는지 생각했어요. 영화에서 비둘기가 모이를 먹는 모습을 보고 비둘기의 행동을 수로 분석해 다음 행동을 예측하고자 하는 수학자들의 대화가 나오잖아요. 그걸 보면서 사람마다 참으로 다른 세상을 꿈꾸는구나 싶더군요.

| 숫자로 분석하는 행동패턴 |

인숙: 〈넘버스〉라는 범죄수사 드라마에도 그런 장면이 나와요. 범인의

행동패턴을 분석해서 다음 범행 장소를 예상하는데 그 예상이 적중하는 장면을 보면서 가능한 일일까 반신반의했거든요. 그런데 〈뷰티풀 마인드〉를 보니 실제로 수학자들은 사람의 행동도 수로 해석하는구나하고 고개가 끄덕여지던데요.

지원: 이런 기사를 읽은 적도 있어요. 지문도 없고 얼굴은 물론이고 목소리까지 성형한 한 국제 테러리스트를 그 사람의 행동패턴을 분석한 자료를 근거로 공항 검색대에서 잡을 수 있었다는 내용이었어요. 발걸음과 제스처 등을 분석해서 찾아냈다는 거죠. 이런 행동패턴 분석이 대단히 '과학적'이라는 데 무척 놀랐어요. 실제로 미국 FBI는 테러리스트들과 범죄자들의 행동패턴을 감시하고 분석해서 앞으로 있을 테러와 범죄를 예방하는 데 사용하고 있다더군요.

문영: 행동을 분석해 범죄수사뿐만 아니라 나를 인증하는 암호로도 사용하고 있어요. 서명을 하는 내 행동을 숫자화하고 패턴으로 분석해 나를 인증하는 암호로 쓰는 거죠. 아직은 선진국 정보기관만이 활용하고 있지만 조만간 많은 부분에서 컴퓨터 자판을 두드리거나 스크린을 터치하는 개인의 행동 정보가 패스워드 역할을 할 날이 올 가능성이 높아요.

인숙: 행동과 생각을 수와 식으로 표현하는 것은 수를 즐기는 사람만이 가질 수 있는 사고의 틀이 아닐까 싶은데, 나도 오늘부터 모든 상황을 숫자로 해석할까 봐요. 내 기대치를 5에 두고 남편의 하루를 평가하는 거죠. 10점 만점에 오늘 나를 도와주었던 행동점수는 3점, 내게 했던 말의 만족도는 2점, 옆에 있는 것만으로도 든든한 지원군으로서의 점수는 2점, 그래서 평균 2.33. 오늘 점수는 기대치에 못

미치는데 내일은 이러이러한 부분에 신경을 써주면 좋겠다고 자료
를 제시하며 요구하면 어떤 반응일지 몹시 궁금한데요? 재밌겠어요.
이왕이면 멋지게 표도 만들고 그래프도 그려서 하루와 일주일 단위
로 자료를 분석해야겠어요.

지원: 받아보는 상대는 황당 그 자체겠는데요? 하지만 화내거나 싸우
지 않고 요구를 전달할 수 있는 한 가지 방법이 될 수도 있겠네요. 수
학자 오일러가 무신론자인 디드로에게 신의 존재를 수학적으로 증명
한 듯이 당당하게 "$a+bn/n=X$입니다. 그러므로 신은 존재합니다.
당신의 답변을 듣고 싶군요."라고 해서 말문을 막았다는 얘기를 읽은
적이 있어요. 물론 말 많고 수학적 지식이 별로 없는 철학자의 입을
막기 위한 수학자의 재밌는 위트였다는 확인되지 않은 일화지만요.

| 단순화가 수학의 미덕 |

동수: 수학문제를 풀 때 괄호 안에 주어지는 조건이 중요하잖아요? 학
창시절 그 조건을 간과했다가 틀린 답을 쓴 경험이 다 있을 거예요.
문제가 복잡해도 주어진 조건을 이용하면 단순한 답을 얻었던 기억
도 나고요. 그래서 모르는 문제의 답은 언제나 가장 단순한 숫자인 1
과 0으로 썼죠. 그런데 사람들은 생활 속에서 복잡한 문제가 발생하
면 조건이나 변수를 전혀 생각하지 않고 직관적으로 대처해서 문제
를 더 크고 복잡하게 만드는 것 같아요.

문영: 대부분의 사람들이 고등학교까지 12년 동안 수학문제를 풀면서
논리적이고 이성적인 사고를 연습했어요. 하지만 $1+1=2$를 기호나

약속이라고 생각할 뿐 원인과 결과 사이를 논리적으로 따져보는 사유의 의미로는 받아들이지 못하는 것 같아요. 고민이나 갈등을 수와 식을 이용해 단순하게 정리하면 의외로 해결의 실마리를 쉽게 찾을 수 있는데 말이에요. 숫자는 사람들의 이기심과 욕심을 걷어내고 문제를 명확하게 해주는 효과가 있어요. 바로 그런 단순화가 수학의 미덕이 아닌가 싶어요.

인숙 : 예전에 상담전문가에게 하루 동안 내가 한 말과 생각들을 시간 순으로 적고 그것을 소리 내 읽어보라는 권유를 받은 적이 있어요. 실제로 해보니, 머릿속에 맴돌던 문제들이 밖으로 나와 글자가 되면서 해결책이 보이더라고요. 형용사와 부사를 빼고 주어와 동사로 정리하니 아주 단순한 문제가 되더군요. 이런 과정들이 수학문제를 푸는 것과 닮았다는 생각이 들었어요.

문영 : 수학을 싫어하는 아이들에게 '너의 하루가 수학으로 가득 차 있다'고 하면 기절하겠죠? 매순간 선택의 상황에서 분류하고, 과거의 경험에 비추어 비교하고, 필요한 조건을 생각하고, 중요하고 긴박한 인자를 우선순위에 놓는, 복잡하지만 순식간에 이루어지는 많은 결정들이 수학적 사고의 결과물이고 수학을 공부하는 이유라고 설명하면 말이에요.

동수 : 학창 시절에는 수학이 단순하고 반복적인 패턴의 학문이라고 생각했어요. 그런데 나이를 먹고 보니 수학의 심오함을 새롭게 느끼게 되네요. 학창시절에 수학의 아름다움을 알았다면 수학성적이 더 잘 나왔을까요? 수학을 시나 종교, 예술이나 철학이라고 얘기하는 사람들도 있더군요.

지원: 수학자 피타고라스는 세상이 모두 수로 이루어져 있고, 그 숫자들의 향연이 놀랍고 경이롭다며 수를 신적인 존재로 생각했죠. 0, 1, 1, 2, 3, 5, 8…… 앞의 두 수를 더하면 다음 수가 되는 황금분할인 '피보나치 수열'로 이루어진 자연의 많은 동식물들, 도에서 도까지 음의 차이가 1:2 정수비를 나타낸다는 발견, 실제로 찾지 못한 원소도 원자량이 1씩 증가하는 주기율표상의 관계를 통해 예측해 발견하는 응용까지. 세상에 존재하는 모든 것이 수와 수들의 관계로 존재한다는 거예요. 피타고라스와 그의 추종자들이 발견한 세상은 수가 규칙적이거나, 시작과 끝이 없는 무한한 세상이었죠. 피타고라스학파는 수학을 종교로, 철학으로 받아들인 것 같아요.

인숙: 신이라는 영원불멸의 존재와 무한의 개념을 상상할 수 있는 것은 오직 사람뿐일 거예요. 시간과 공간까지 기하학적 모델로 삼아 수로 풀어내는 사람들의 수에 대한 집착은 정말 놀라워요. 수로 표현하지 못할 것은 없는 것 같아요. 에너지와 사랑도 방정식으로, 하루의 일상도 머피의 법칙으로 풀어내는 사람들의 상상이 그저 놀라울 뿐이네요.

| 균형이론은 무한경쟁 사회에서 모두가 살아남을 수 있는 선택 |

동수: 수학이 철학이라는 것에는 어느 정도 공감하지만, 수로 표현하
지 못할 것이 없다고 하니 다 같이 숫자에 열광해야 하는 광신도의
부흥회 같아요.

지원: 수를, 수학을 말하다보니 철학적 주제인 신의 존재와 삶과 죽음
의 문제도 얘기하게 됐네요. 고대부터 수는 단순히 '숫자'가 아니라
정말 많은 의미를 담고 있었어요. 다시 존 내쉬의 균형이론으로 돌
아가 보죠.

문영: 대부분 존 내쉬의 이론을 말할 때 죄수의 딜레마를 얘기하죠. 어
떤 사건의 피의자 두 명이 각각 다른 방에서 취조를 받는데 자백을
권유받아요. 자백할 경우 자신은 석방이 되고 상대편은 두 배의 벌
을 받아요. 이럴 때 각 피의자가 어떤 선택을 해야 하냐는 거예요.
각 피의자의 선택은 자백과 침묵이고, 두 사람의 경우의 수는 네 가
지예요. (자백, 침묵) (자백, 자백) (침묵, 침묵) (침묵, 자백)이요. 두
사람에게 최선의 선택은 (침묵, 침묵)으로 두 사람 모두 석방되는 거
예요. 하지만 미리 약속하지 않은 상황에서 상대편에 대한 믿음이
별로 없을 때 최적의 선택은 각 피의자가 자백을 하는 거죠. 최선의
선택은 아니지만 둘 다 손해 보지 않으니까요.

인숙: 존 내쉬의 이론에서 '선택'은 언제나 최고나 최선이 아니라 나쁘
지 않은, 서로가 손해 보지 않는 선에서 타협하거나 인정하는 선택
이라고 할 수 있죠. 현실적이고 합리적이긴 하지만 상대방의 생각이
나 전략을 미루어 예측하고 대처하는, 조금은 철학과 신념이 없는

이익과 성공만을 추구하는 방법이라 할 수 있어요. 실제로 생활에 적용해 그러한 의사결정을 하게 되면 얍삽한 인간이 되기 십상이지만 무한경쟁 사회에서 회사의 전략으로, 전쟁 중에 군사 전략으로는 '살아남을 수' 있는 방법이라 생각해요.

문영: 저는 좀 다른 생각이에요. 존 내쉬의 이론은 모두를 만족시키기 위해 약간의 양보를 통해 있는 자원을 적절히 분배하므로 그야말로 이성적이면서 이상적인 수학적 아이디어라는 생각이 들어요. 이런 생각은 사람들 간의 사회적 소통을 돕고, 합리적인 경제 책략을 가능하게 해요. 평화를 지키기 위한 군사 전략의 기본 가치로도 부족함이 없어 보이고요. 데이트를 목적으로 하는 남녀의 미팅에서 치열한 경쟁을 통한 한 사람의 최고 만족감보다 차선을 통해 모두를 만족시키는 선택이 더 균형적이라고 생각한 것만 보아도 말이에요. 저에게 내쉬 이론은 최고행복이라는 달콤하지만 이루기 어려운 이상에서 벗어나 서로가 조금씩 양보해 원하는 것의 합의점을 찾자는 현실적인 이론처럼 보이네요.

지원: 언뜻 들으면 명쾌하게 이해가 되지 않아요. 내가 최대행복을 누리려면 내가 가장 원하는 상대와 파트너가 되어야 하는데 차선을 선택해야 한다는 것이 말이에요.

| 수학을 활용해 후보를 선택하는 선거 |

인숙: 존 내쉬의 이론을 선거에 적용해 보고 싶다는 생각이 드는데요. 예를 들어, 먼저 후보들을 신념과 실제 일할 수 있는 능력과 후보가

동원할 인력 네트워크 같은 정치적 뒷받침을 점수화해서 표로 만드는 거예요. 그리고 점수를 비교하면서 선택하는 거죠. 그러다보면 최고 점수를 받은 후보와 내가 가장 선택하고 싶은 후보가 다른 경우가 생기겠죠. 나한테 일 순위인 후보는 내가 정치인의 최고 덕목이라고 생각하는 신념에서 최고 점수를 받은 후보일 텐데, 모든 부분에서 골고루 점수를 얻은 후보가 총합에서는 최고의 점수를 받을 테니까요.

동수: 그런 경우 최고점수를 선택하는 다른 방법도 생각할 수 있어요. 전체 후보들 가운데 각 부분에서 평균점수 이상의 후보들만 일차적으로 선발하고, 다시 그들 가운데 최고점수를 받은 후보를 선택하는 방법이죠. 그러면 첫번째와는 다른 후보가 선택될 수도 있어요.

문영: 또 다른 방법으로 두 후보씩 짝지어 점수가 높은 후보를 차례로 선택해보면 또 다른 결과가 나올 수 있어요. 그리고 각 부분에서 최하 점수를 받은 후보를 차례로 뺐을 때도 다른 후보가 선택될 수 있고요.

인숙: 결국 내가 어떤 방법으로 선택하느냐에 따라 후보가 다르게 결정된다고 할 수 있어요. 구체적으로 표를 만들어 후보를 선택해보면 내가 정치인을 선택하는 기준과 내가 바라는 이상적인 사회에 대해 깊이 생각하는 계기가 될 것 같아요. 그것만으로도 선거의 의무를 지닌 선거권자의 적극적인 행동이 아닐까요. 어떤 기준을 적용하느냐에 따라 결과가 달라지는 선거의 요지경이라! 재밌지 않나요?

지원: 하지만 실제 선거에서는 주어지는 정보가 너무도 불분명하죠. 공약이라는 것도 말이라 진위를 알 수 없고, 신념도 확인할 길 없고,

그 후보와 보좌관의 능력도 학력만으로 평가할 수 없고, 정보 자체를 신뢰하기가 힘든데 점수화하는 것은 의미가 없는 것 같아요. 이 문제야말로 과거의 행동패턴을 분석해 평가할 필요가 있겠는데요.

동수: 선거관리위원회에서 각 후보들에게 같은 미션을 주고 그들의 행동과 결정을 다큐멘터리로 찍어 보여준다면, 각 후보들의 문제해결능력과 평상시 신념 등을 볼 수 있으니 유권자들의 선택에 많은 도움이 될 거라고 생각해요. 그러면 유권자도 후보를 선택하는 근거가 생기고, 선택한 후보를 믿고 적극적인 지지를 할 수 있겠죠. 정치인을 얘기할 때 준비되지 않았다는 말을 많이 하는데 그런 의미에서 준비하는 계기도 될 거라고 생각해요.

문영: 아주 재밌겠어요. 상황에 따라 말을 바꾸며 책임을 회피하는 정치인들의 공약에 신물나고 지친, 선거에 무관심하고 적극적이지 않은 사람들도 조금은 솔깃해 할 것 같아요. 자기 실속만 챙기는 것 같은 얄미운 정치인들이 보통 사람들이 겪는 어려움을 실제로 극복해가는 과정을 팔짱 끼고 볼 수 있다는 생각만으로도 즐거워요. 적극추천이에요.

지원: 옳소!! 옳소!! 그리고 앞에서 말씀하신 후보자의 선택은 표로 만들어주면 훨씬 이해가 쉽겠어요. 내 생각도 정리하기 쉬워질 것 같은데요. 후보들의 어떤 면에 점수를 많이 주고 있는지도 명확히 알수 있을 것 같아요. 결과가 어떻게 달라질지 궁금한데요. 선택에 그런 비밀이 있는지 몰랐어요.

$\sqrt{x^2} = |x| = \begin{cases} x & (x \geq 0) \\ -x & (x < 0) \end{cases}$

$a^m \cdot a^n = a^{m+n}$

$a^{-n} = \dfrac{1}{a^n}$

$a^0 = 1 \quad (a \neq 0)$

사람과 사람이
소통하는 세상,
공명의 과학

> 낯선 외국에 가면 말이 통하지 않아 답답함을 느낄 때가 있다. 그런데 같은 언어를 쓰면서도 의사소통이 되지 않는 답답함을 느낄 때가 있다. 누구는 코드가 맞는 것이 중요하다고 하고, 누구는 색깔이 같은 것이 중요하다고 하고, 누구는 이념을 공감하는 것이 중요하다고 한다. 표현은 달라도 주파수가 같아서 생기는 공명현상을 중요하게 생각한다는 뜻일 것이다. 공명현상은 자연계에만 존재하는 것이 아니라 우리가 사는 세상과도 연관되어 있다.

| 춘향의 그네를 멀리 밀던 힘에도 공명현상이 |

문영 : 세탁기가 탈수하다가 쿵쾅쿵쾅 소리를 내면서 막 흔들릴 때가
　　　있잖아요. 고장이라도 났나 생각하는데 사실은 공명이 일어난 거예
　　　요. 세탁통이 돌면서 세탁기에 규칙적인 충격을 가하고 그 충격이
　　　어느 순간 세탁기의 고유주파수와 일치하게 되면 진폭, 즉 에너지가

커지고 그 에너지가 소리와 흔들림으로 나타나는 거죠. 그러고 보니 우리 주변에 공명현상이 정말 많아요. TV와 라디오도 내부 수신기의 동조회로 주파수를 방송국 전파의 주파수와 일치시키는 일종의 공명장치예요.

동수: 맞아요. 공명현상은 생활 속 어디에서나 볼 수 있어요. 그네가 멀리 잘 나갈 수 있도록 미는 것도 공명현상을 이용하는 것이죠. 임플란트와 뼈의 결합 정도를 수시로 측정해 최종 보철 시기를 정확하게 결정하기 위해 공명장치를 이용한다는 기사를 읽은 적이 있어요. 또 요가에도 공명을 이용한 호흡이 있죠. 창조와 보존과 파괴를 뜻하는 '옴'이라는 단어가 있는데 '옴~~' 하고 소리를 내다가 그 진동을 머리까지 옮겨서 몸의 에너지를 끌어올려 머리를 정화한다는군요.

지원: 요가뿐 아니라 대체의학에서도 공명을 중요하게 생각해요. 우리 몸의 각 조직과 기관은 미약하지만 각각의 고유 파동을 내고 있다고 알려져 있어요. 이 파동을 '에너지' 또는 '기'라고 하죠. 한방이나 불교에서는 인체뿐 아니라 마음에도 고유주파수가 있어서 '기'나 '에너지'를 갖는다고 하잖아요. '기의 흐름'이 막혔을 때 병이 걸리고 몸이 아프다는 말을 흔히 듣는데 수긍이 돼요. 부정적인 마음을 가질 때와 긍정적인 마음을 가질 때 다른 주파수가 발생되고, 부정적인 마음에서 생기는 주파수는 몸에 안 좋은 영양소들과 공명현상을 일으켜 몸속에 쌓이게 한다는 주장도 있어요. 음악치료처럼 소리를 이용한 치료는 오래전부터 인류가 사용한 치료방법이죠. 요즘은 '사운드 테라피'라는 분야까지 생겼더라고요.

인숙: 실생활에서 사용하고 있는 의료장치들도 이미 공명현상을 이용

하고 있어요. 광학공진기를 이용해 만든 레이저나 핵자기 공명현상을 이용한 자기공명영상장치 MRI 같은 것들 말이에요.

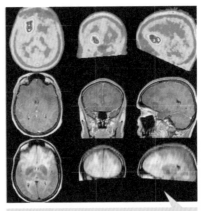

핵자기 공명현상을 이용한 자기공명영상으로 촬영한 사람의 뇌 사진

동수: 현악기와 관악기, 타악기도 공명현상을 이용해 아름다운 소리를 만들어요. 양쪽이 고정되어 있는 현악기의 진동과 끝부분이 뚫려 있는 관악기의 진동이 달라서 악기의 음색도 달라지고, 진동하는 파의 파장에 따라 고유주파수가 결정되고, 주파수 배수로 옥타브가 만들어지죠. 과학 원리를 알고 음악을 바라보면 한층 더 깊게 음악을 이해할 수 있어요.

문영: '아름다운 소리' 하니까 오래전에 바닷가에서 주워온 소라껍데기가 생각나네요. 소라껍데기를 귀에 대면 '쏴~' 하는 파도소리가 들려 기분이 좋잖아요. 사실 소라껍데기가 내는 소리는 주변의 여러 소리 중에서 소라껍데기의 모양과 부피에 가장 잘 공명하는 소리를 반사해주는 거예요. 기도하는 손 모양을 한 뒤에 조개가 벌어진 것처럼 엄지손가락이 있는 방향을 조금 벌려 귀에 가져다대면 같은 소리가 들리죠. 이렇게 말하고 나니 소라껍질과 함께 가져온 즐거웠던 추억까지 기계적으로 분석되는 것 같아 조금 아쉽기도 하네요.

| 비슷한 주파수의 진동이 오면 강해지는 파동 |

인숙: 파동은 닫힌 영역 안에서는 반사를 거듭하며 여러 파동들을 만들어요. 여러 파동 중 가장 잘 활동하는 파동이 있는데, 이 파동의 주파수를 물체의 고유주파수라고 하죠. 외부에서 고유주파수와 비슷한 주파수를 가진 진동이 가해지면 파동이 크게 강해지는데 이런 현상을 공명이라고 해요.

동수: 오페라 가수가 내는 일정한 음의 연속적인 소리에 유리잔이 깨지는 것과 같은 현상이죠. 신기한 것은 더 큰 파장에도 전혀 영향을 받지 않고 오직 특정한 파장에만 반응한다는 거예요.

지원: 파동 이야기를 하려면 빛에 대한 생각을 먼저 하게 되네요. 빛의 본성을 밝히는 것은 오랜 세월 과학자들에게 어려운 문제였죠. 뉴턴은 빛이 입자라고 주장했어요. 로버트 훅이나 데카르트는 파동설의 기초를 만들고 호이겐스는 빛의 파동설을 완성했죠. 어느 이론이 우세한지 증명하지는 못했지만 그 당시 뉴턴의 명성 때문에도 입자설은 무시할 수 없었어요. 토마스 영의 '이중슬릿 실험'으로 파동의 중첩을 보여주고 나서야 빛의 파동설에 힘이 실렸죠.

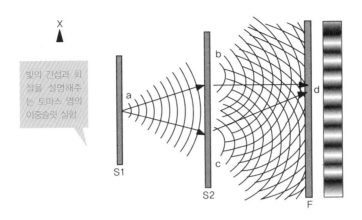

빛의 간섭과 회절을 설명해주는 토마스 영의 이중슬릿 실험

동수: 아인슈타인의 광양자설로 빛이 입자라는 관점이 다시 언급되었죠. 드브로이는 빛이 입자라는 아인슈타인의 가설을 보고 오히려 모든 입자도 파동이 될 수 있지 않을까 착상을 하게 돼요. 이런 것도 역발상이라고 해야 할까요? 처음에 드브로이의 이론은 주목받지 못했지만 아인슈타인이 관심을 갖게 되면서 부각됐어요. 결국 그 이론은 불확정성 원리를 이끌어냈고, 이런 이론을 비판했던 아인슈타인이 "신은 주사위를 던지지 않는다."는 말을 하게 했죠.

문영: 하나의 과학이론이 진리처럼 믿어지다가 그 이론으로 설명할 수 없는 현상들이 쌓이고 쌓이면 혁명이 일어나듯이 새로운 과학이론이 등장한다는 토마스 쿤의 '과학혁명'이라는 말이 생각나네요. 과학자들도 사람인지라, 새로운 이론은 기존 이론에 도전하는 것이 되는군요. 도전이 가능하니 오히려 열려 있는 집단이라고 생각해야 하나요? 중세를 암흑시대라고 불렀던 가장 큰 이유 중 하나가 지식의 단절 때문이라던데, 이론들의 충돌은 좀 더 완성된 생각으로 나아가는 데 필요한, 어쩌면 당연한 절차처럼 느껴지기도 하네요.

| 공명으로 빚어진 타코마 다리의 붕괴 |

지원 : 다시 공명 이야기로 돌아와볼까요? 빛과 소리는 모두 진동을 하
죠. 그 에너지는 주파수를 가지고 있고요. 공명이 잘 돼야 아름다운
소리도 만들어낼 수 있어요. 현악기는 악기의 몸통에서, 관악기는
관에서 공명이 일어나죠. 음색은 공명의 정도 차이에 의해 다르게
나타나는데 이런 공명들이 모여서 사람의 마음을 좌지우지할 만큼
아름다운 음악을 만들어내잖아요. 또 공명은 에너지를 증폭시킬 수
도 있어요.에너지가 증폭된다는 것은 기대하지 못한 창조와 치유를
할 수도 있지만 파괴를 가져올 수도 있고요.

인숙 : 1940년에 미국 워싱턴 주에서 타코마 다리가 개통되었는데 첫
날부터 상하로 진동이 심해 '미친 다리'라는 별명이 붙었대요. 그런
데 스릴을 즐기려는 사람들 때문에 타코마 다리는 유명해졌고 관광
객이 급증해 교통량이 증가하게 됐죠. 흔들림과 큰 하중에도 불구하

다리의 고유주파수와 다리를 통과하는 바람의
주파수가 일치하는 공명현상으로 준공한 지 5
개월 만에 붕괴된 워싱턴 주의 타코마 다리

고 당시 전문가들은 다리의 안전성을 확신했다고 해요. 하지만 그토록 자신했던 튼튼한 강철다리가 무너져내렸어요. 다리의 고유주파수와 그곳을 통과하는 바람의 주파수가 같아 공명현상이 일어난 거죠. 결국 4개월 동안 호황을 누리던 다리는 세 시간 동안의 진동으로 무너지고 말았어요.

동수: 타코마 다리가 무너진 후에 다리를 설계할 때 축소모형을 가지고 실험하는 것이 기본 조건이 되었다고 해요. 요즘은 컴퓨터로 해석하구요. 다리나 건축물을 지을 때 복잡한 주파수를 가지게 설계함으로써 하나의 특정주파수를 가진 자연현상으로 인해 무너지지 않도록 한다는군요. 특히 공명을 고려한 내진설계는 도시 건물을 건축할 때 아주 중요한 부분이죠.

지원: 1831년 영국 맨체스터의 브로튼 현수교 위를 500여 병력으로 구성된 영국군 1개 대대가 행진했는데, 병사들이 동시에 발을 구르는 진동수가 다리의 진동수와 동일해 다리를 요동치게 만들었죠. 결국 이러한 진동에 흔들림까지 더해져 다리가 순식간에 붕괴되었고 200여 명이 사망했어요.

문영: 공명현상으로 다리를 파괴한다거나 불협화음을 만드는 것처럼 부정적인 현상만 있는 것은 아니에요. 이전에는 물질을 입자라고만 생각했지만 드브로이가 모든 물질에 파동의 성질이 있다는 물질파 matter wave 개념을 생각해냈듯이 전혀 새로운 것도 생각할 수 있을 거예요. 고유한 주파수의 공명현상으로 파괴가 아닌 융합을 생각해봐야겠어요.

| 사람 사는 사회에 필요한 건 '화합 위한 공명' |

인숙: 함께 있는 동안 내내 마음이 불편한 사람들이 있는가 하면, 어떤 사람들을 만나면 오래전부터 알던 사람처럼 마음도 편해지고 금방 친해지기도 하잖아요. 사람도 고유의 주파수를 가지고 있어서 주파수가 같은 사람끼리 만나면 공명현상이 일어나는 걸까요?

동수: 학교 다닐 때, 다른 주파수를 발생시키는 소리굽쇠 두 개를 놓고 그중 하나와 같은 진동을 하는 소리굽쇠를 조금 떨어진 곳에서 두드리면 같은 주파수를 가진 소리굽쇠만 진동하는 것을 관찰하는 실험을 했잖아요. 그때는 그냥 실험 결과를 적는 것만으로도 바빴는데 지금 그 실험을 다시 생각해보면 왜 짚신도 짝이 있다는 속담이 생각나는지……. 좀 엉뚱한 생각이지만, 사람을 만날 때나 친구를 사귈 때 또는 배우자를 고를 때 소리굽쇠를 두드려 공명소리를 듣고 선택할 수 있다면 불협화음으로 인한 가족 문제는 생기지 않을 것 같아요.

문영: 인간관계를 컴퓨터 모의실험이라도 해볼 수 있으면 좋겠다는 생각이 드네요. 정지된 것처럼 보이는 모든 것에도 진동이 있듯이 아무리 사이좋은 관계라도 흔들림이 있기 마련이잖아요. 모의실험의 기본값으로 컨디션이 안 좋을 때 나타나는 서로의 행동패턴들을 넣어 일어날 수 있는 다양한 사건들을 미리 알아보는 거예요. 최악의 경우 이런 일이 일어날 수 있으니 조심하라며 경고 메시지를 줘서 조심시킬 수도 있고요. 그런데 개인뿐 아니라 사회도 마찬가지인 것 같아요. 늘 대립되는 의견들이 존재하잖아요?

지원: 선거도 일종의 공명현상이라고 말하면 비약이 너무 심한 걸까

요? 국민 개개인의 작은 의사가
하나로 모여서 국민 전체의 의견
이 결정되는 것이니까 일종의 공
명효과라고 할 수 있을 것 같은
데요. 각자의 에너지는 힘이 약
하지만 국민의 에너지가 모이면
그 힘의 위력은 상상할 수 없잖아요.

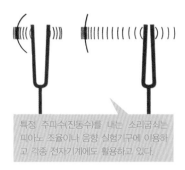

특정 주파수(진동수)를 내는 소리굽쇠는
피아노 조율이나 음향 실험기구에 이용하
고 각종 전자기계에도 활용하고 있다.

인숙: 선거 얘기를 하니까 생각났는데 타코마 다리가 무너질 때 인명
피해는 없었다고 해요. 그래서인지 그 사건 이후 워싱턴 주지사가
똑같은 다리를 건설할 거라는 연설을 했대요. '미친 다리'로 알려진
유명세 덕에 얻은 경제적 이익을 생각한 것인지, 사람들의 어리석음
에 경각심을 주고자 한 것인지는 몰라도 참으로 오만한 일이었죠.
경제적 이익이나 경각심을 위해 사람들의 생명을 담보로 해서는 안
되잖아요. 개개인의 의견이 모여 국민들의 생활에 영향을 미치는 선
거 같은 공명현상은 처음 시작이 중요해요. 공명은 크기만 바뀔 뿐
형태나 방향을 바꾸는 것은 아니니까요.

동수: 그래도 희망적인 것은 통계물리학자들이 컴퓨터로 모의실험을
했는데 최상위자가 나쁜 의견을 내려보내도 계층 간의 소통채널이
다양할수록 최상위자의 의도대로 사회가 통제되지 않고 결국 전체
시스템에 좋은 쪽으로 의견이 수렴되었다고 해요. 시간이 오래 걸리
더라도 사람이 사는 사회는 좋은 방향으로 흘러갈 거라고 하네요.

문영: 유전자변형식품이나 나노기술 등 새로운 기술이 적용되면서 전
에 없던 문제들이 발생하고 있죠. 개발자와 이해관계자, 소비자들은

각자의 입장에서 어려움과 불편함, 불안을 말하고 있고요. 다양한 의견을 충분히 나눠 공감대를 형성하는 것이 오히려 문제해결 시간을 단축하는 방법이라고 생각해요. 다시 말하면, 의사소통을 통한 공명이 필요하다고 할 수 있겠네요.

무수한
진동의 퍼짐들,
소리를 디자인하다

> 우리는 소리에 묻혀 산다. 실제로 들을 수 있고 느낄 수 있는 것이든 아니든, 세상에 존재하는 모든 것은 떨림을 만든다. 모두가 제 소리를 내고 있는 것이다. 조용히 귀 기울여보면, 가만히 들여다보면 새삼 놀라운 소리들을 발견할 수가 있다. 소리는 그 물질만이 가지는 고유의 진동으로 그 물질을 대변하는 특성이다. 이러한 특성들이 가끔은 우리를 혼란에 빠트린다. 문명을 가져다주고 편안함을 주는 소리에서부터 몇 번이고 정체를 확인하게 하고 신경이 곤두서게 하는 소리 없는 소리의 공격까지 다양한 소리에 대해 이야기해보자.

▏한 해를 보내고 새해를 맞는 소리들 ▕

인숙: 12월은 365일이, 52주가, 8760시간이 어떻게 이토록 금방 흘러
　　　갈 수 있는지 깨닫게 해주는 달이죠. 올 한 해 내가 무슨 소리를 내며
　　　살았는지, 내 목소리는 어디에서 찾을 수 있는지 반성하고 잊어버리

는 달이기도 하고요. 12월은 한 해의 마지막 달이면서 새로운 해를 맞이하는 시작의 달이라 할 수 있어요.

지원: 맞아요. 그래서인지 우리는 12월에 한꺼번에 많은 소리들을 듣게 되죠. 한 해의 최고와 최악을 뽑으며 잔치를 벌이고, 행복한 내년을 위해 계획과 소망을 담은 커다란 등도 켜고요. 거리는 캐럴 송으로 분주하고 구세군의 핸드벨은 사람들의 마음을 흔들어 냄비 곁으로 모여들게 해요. 실제 소리는 얼마나 커졌는지 모르지만 마음으로 느끼는 소리는 꽤 시끄럽게 느껴져요.

동수: 그러고 보니 반성하고 희망을 이야기하는 '착한 소리'는 12월에 다 모여 있는 것 같네요. 그런데 추워진 거리의 소리가 더 낮고 멀리까지 들린다고 생각하는 것은 착각일까요? 을씨년스런 바람소리 말이에요.

문영: 착각만은 아닐 걸요. 소리는 전달해주는 물질의 상태에 따라 다른 소리를 낼 수 있어요. 쌀쌀한 날은 온도가 낮으니 공기의 흐름이 느리죠. 공기의 흐름이 느리니 소리가 느리게 전달되고, 느린 속도 때문에 진동수가 작고 파장이 긴 파동이 중저음을 만들어요. 잔잔하게 멀리 퍼지는 제야의 종소리처럼요.

인숙: '해피 뉴 이어'를 말하다 추운 날씨의 얼어붙은 소리를 얘기하니 와들와들 떨리는데요? 분위기를 바꿔 한 해를 마무리하는 송년회에서 목청껏 부르는 노랫소리를 생각해보죠. 한때 음치 탈출을 도와주는 학원이 북적인 적이 있어요. 우리 사회의 회식문화가 만들어낸 독특한 현상이었죠.

| 진동은 퍼지면서 나는 소리 |

지원 : 사람의 목소리는 폐의 공기가 성대라는 발성기관을 통과하면서 압박에 의해 떨리고 진동하면서 만들어진대요. 떨림이 많고 적음에 따라, 빠르고 느림에 따라, 공기를 압박하는 모양새에 따라 소리의 높낮이와 세기와 음색이 달라지고요. 음치는 소리를 만드는 400여 개 미세근육들의 움직임에 이상이 생겨 나타나는 증상이라 할 수 있어요. 근육의 이완과 수축이 긴장에 의해서건, 훈련되지 않아서건 나름의 이유로 문제가 생긴 거죠. 그래서 목 근육을 일시적으로 완화시키고 폐활량을 크게 해 노래를 잘하게 하는 약이 등장하기도 했어요. 요즘은 훈련을 통해 몸의 다른 근육을 강화하듯이 노래 실력도 훈련을 통해 좋아지게 할 수 있다고 하니 뜻이 있다면 길도 있을 거라 생각해요.

문영 : 저는 요즘 〈넬라 판타지아〉라는 노래를 들을 때마다 어울림의

사람의 목소리는 폐의 공기가 성대라는 발성기관을 통해 진동하면서 전달된다.

감동이 느껴져 기분이 좋아요. 엉망이던 합창단이 하나가 되고, 서로에게 따뜻한 의지가 되어 한 목소리를 내던 그 모습이 쉽게 잊히지 않아서요. 하모니를 이루려면 서로의 소리에 귀 기울여야 하고, 자신의 근육을 자신의 의지로 조절해 작은 떨림을 만들고 다듬는 맹훈련이 필요하지요. 그래야만 각기 다른 소리의 파장에 맞추어 음폭을 증가시키는 공명을 만들고, 또 각자의 다른 소리로 서로를 부드럽게 상쇄하면서 증폭과 소멸의 아름다운 소리를 만들 수 있으니까요.

동수: 손가락으로 유리잔 윗부분을 문질러 소리를 내본 적 있죠? 유리와 손이 만드는 많은 진동들이 유리잔 안에서 합쳐지고 없어지면서 새로운 소리를 계속 여운처럼 만드는 것을 들을 수 있잖아요? 손가락 끝에 물을 살짝 묻혀 마찰을 높이면 더 크고 확실하게 들을 수 있고요. 이렇게 소리를 만들고 증폭시키고 소멸시켜 작은 소리를 찾아내거나 소음을 줄이는 기술이 생활에도 이용되고 있어요.

문영: 소음은 두 파의 파장이 반 파장 차이가 나도록 해서 서로 간섭시키면 줄일 수 있어. 파동의 소멸 간섭을 이용하는 거예요. 예를 들어 시끄러운 소리가 발생하는 물체의 소리를 받아 전기장치로 반 파장이 차이나도록 반사음을 보내면 두 소리가 간섭을 일으켜 소음이 줄어들게 되는데, 자동차 배기통의 소음도 이러한 원리로 줄인대요.

지원: 주변의 모든 소리가 사라지면 조용하고 좋을 것 같은데 실제로는 그렇지 않다더군요. 사람들은 40데시벨 정도의 소음이 있어야 편안함을 느끼고 불안해하지 않는대요. 양수의 흔들림에 익숙한 사람의 태생에 의한 거죠. 사람이 들을 수 있는 가장 작은 소리를 1데시벨이라고 한다면 40데시벨은 나뭇잎의 흔들림보다 크고 수업 중인

교실의 소음보다 조금 조용한 정도라고 해요. 그러니 아이들이 수업 중에 조는 것은 당연한 신체 반응인 거죠.

| 더 멋지고 편안한 소리를 디자인하다 |

인숙: 사운드 디자인이라는 재밌는 분야가 있더군요. 진공청소기 소리가 신경에 거슬리지 않으면서 흡입력이 느껴지도록, 자동차 엔진 소리는 조용하면서 운전하는 속도감을 느낄 수 있도록 제품을 만드는 거라더군요. 사람들을 만족시키는 소리를 만드는 것이 사운드 디자인인 거죠.

동수: 소리로 제품의 이미지를 좋게 만드는 거네요. 할리데이비슨의 툴툴거리는 오토바이 소리가 특허까지 내고 사람을 유혹하듯 말이에요. 사람들이 원하는 소리는 각양각색일 텐데 어떻게 많은 사람들을 만족시키는 소리를 찾을 수 있을까요?

문영: '음향 홀로그래피'라는 방법을 쓰면 가상공간에서 예측되는 소리를 미리 들을 수 있고, 소리가 퍼져나가는 모습이 보여 소리의 특성을 알 수 있어요. 이를 응용하면 제품을 생산하기에 앞서 발생할 소리를 예측하고 조절해 사람들이 기대하는 소리를 만들 수 있고요. 소음이라 여겨질 수 있는 기계소리를 매혹적인 소리로 디자인하는 거예요.

인숙: 음향을 예측하고 조절하는 기술은 상품을 판매할 때 실패할 위험을 줄여주죠. 소음을 줄인 공사장의 분쇄기나 악기 고유의 잔향과 청중의 소음도 계산한 음향 홀 설계까지 소리를 디자인할 분야는 아

주 많아요. 타이어 도면만 봐도 주행할 때 어떤 소음이 발생할지 미리 알 수 있어 맞춤형 타이어도 만들 수 있고요.

지원: 소리는 떨림을 감지하는 촉각에 의해 듣게 되죠. 그렇지만 사람이 들을 수 있는 소리가 있는가 하면, 들을 수 없는 소리도 있어요. 사람의 고막은 1초에 20번 진동하는 20헤르츠에서 2만 번 진동하는 2만 헤르츠까지의 진동을 들을 수 있다고 해요. 소리를 듣는 데는 개인차도 있지만 나이에 따라서도 차이가 많이 나요. 얼마 전 10대에게만 들리는 휴대폰 벨소리가 유행했었죠. 이것도 나이가 많아지면 낮은 주파수 소리는 감지하지 못하는 것을 이용한 벨소리였어요. 이 테스트로 슬퍼한 사람 여럿 있었죠. 사람은 초음파라고 불리는 2만 헤르츠 이상의 진동은 감지할 수 없대요. 하지만 이러한 초음파는 빠른 진동으로 덩어리 물을 부수는 가습기로, 빠르고 많은 진동을 이용해 병을 진단하는 검진기로 이용되고 있어요.

문영: 사람의 목소리는 최저 87헤르츠(베이스)에서 최고 1200헤르츠(소프라노)까지 낼 수 있어요. 진동수는 성대의 길이와 두께에 의해 달라지고요. 성대가 긴 남자에 비해 성대가 짧은 여자의 소리는 진동수가 크고 고음이에요. 짧은 줄은 높은 소리, 긴 줄은 낮은 소리, 가는 줄은 높은 소리, 두꺼운 줄은 낮은 소리가 나는데 현악기의 줄을 튕겨보면 금방 확인할 수 있죠. 현대 음악의 기준 음은 피아노 건반 중간에 있는 A음(라)의 진동수를 440헤르츠에 맞춘 것이라고 해요.

지원: 백화점 판매나 레스토랑의 고객 회전율에도 소리가 큰 역할을 한다더군요. 빠른 곡이 사람들의 구매 욕구를 자극하고 선택도 빠르

게 한다는 통계가 있어요. 경험에 비춰보면 세일하는 상점에서 들리는 빠른 음악은 신경에 거슬리지만 확실히 물건을 빨리 사게 하는 효과는 있는 듯해요.

| 인류의 언어유전자 FOXP2 |

인숙 : 원시인류에 대한 다큐멘터리를 본 적이 있어요. 같은 시대를 살았던 네안데르탈인과 크로마뇽인 가운데 현생 인류의 조상이라고 알려진 크로마뇽인이 살아남을 수 있었던 여러 가지 장점들을 보여주는 프로그램이었어요. 육식만이 아니라 물고기도 먹었던 잡식성과 소리를 만드는 후두 구조의 예민함이 강조되었죠. 더 많은 소리를 만드는 예민한 구조는 더 많은 의사소통을 할 수 있어서 집단을 이루고 문명을 발전시킬 수 있었던 토대라고 하더군요. 일리 있는

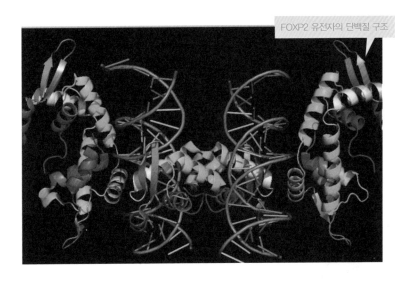

FOXP2 유전자의 단백질 구조

주장이라고 생각해요. 원시인류의 소리가 지금과 다를 거라고 생각해보지 않았기에 조금은 당황스러웠지만 인류의 모습이 진화하면서 소리도 변했을 거라고 추측하는 건 결코 황당한 얘기가 아니죠.

동수: 1990년부터 언어 장애를 가진 가계를 연구한 학자들에 의해 2001년 FOXP2라는 언어유전자가 발견됐어요. FOXP2 유전자 가운데 하나에 변이가 생긴 사람은 입과 혀의 움직임이 맞지 않아 소리를 제대로 발음하지 못한다고 해요. 소리의 미묘한 차이도 구분하지 못하고 문장이나 문법도 이해하지 못하고요.

문영: FOXP2 유전자의 단백질을 살펴보면 쥐 같은 설치류와 영장류가 약 7500만 년 전 공통조상에서 갈라진 뒤 아미노산 715개 가운데 단 한 곳만 바뀌었다는 것을 알 수 있대요. 그리고 사람의 경우에는 600만 년 전 침팬지의 공통조상과 갈라진 이래 아미노산 두 곳이 바뀌었고요. 연구자들은 이런 획기적인 돌연변이가 사람의 언어능력에 중요한 영향을 끼쳤다고 생각하더군요.

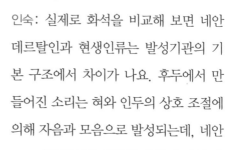

인숙: 실제로 화석을 비교해 보면 네안데르탈인과 현생인류는 발성기관의 기본 구조에서 차이가 나요. 후두에서 만들어진 소리는 혀와 인두의 상호 조절에 의해 자음과 모음으로 발성되는데, 네안데르탈인은 인두와 후두가 너무 가깝고 혀도 자유롭게 움직이기 어려워 다양한 소리를 낼 수 없는 구조를 가지고 있죠. 하지만

언어유전자로 알려진 FOXP2의 단백질이 동일하다니 FOXP2의 변이만으로 현생인류의 언어능력을 설명하기도 어려워요.

| 들리지 않는 소리의 공격 |

동수: 현대인들은 미처 위험도 알지 못한 채 무차별적인 소리 공격에 노출되어 있어요. 소리에 의한 노이로제와 반복적인 자극에 의한 환각까지 이름도 다양하고 특별한 치료방법도 없는 새로운 병이 등장하고 있죠. 예를 들면 휴대폰 진동이 울린다고 착각하는 '환각 진동 증후군' 은 뇌의 반복된 학습 결과래요. 이러한 학습이 자극에 대한 민감도를 증가시켜 배의 꼬르륵 소리나 주머니 속 동전의 떨림을 휴대폰 진동으로 착각하게 하는 거죠.

인숙: 저도 가끔 경험하는데 병인가요?

지원: 일상생활에 지장을 주는 심각한 불안증상이 아니면 병은 아니라고 하던데요. 하지만 생각이 산만하고 집중력이 흐트러져 일의 능률은 떨어지겠죠. 아이들이 문제예요. 휴대폰에, MP3에, 인터넷 게임까지 한시도 소리에서 벗어나지 못하잖아요.

동수: 사람들은 1000~ 6000헤르츠 소리에 가장 민감하대요. 아기 울음소리나 '따르릉' 하는 벨소리가 이 영역

최근 MP3 플레이어 때문에 소음성 난청이 발생하자 이용자들이 미국 캘리포니아 지방법원에 최대 볼륨을 제한하자는 집단소송을 제기했다.

인데, 아기 울음소리에 민감하게 반응하도록 길들여진 뇌가 벨소리에도 같은 식으로 반응한대요. 비슷하게 들리는 울음소리의 스펙트럼을 분석해 아이들의 질환을 찾아내는 연구들도 있더라고요. 보통 사람들은 아기의 웃음소리에 반응하는데 부모들은 아기의 울음소리에 반응한다고 해요. 엄마의 경우에는 아기 울음소리에 대해 뇌파에서 강렬한 감정 자극을 느낀다고 하죠. 아이가 울 때 내 몸이 아픈 것 같은 나쁜 전율이 느껴질 때가 있거든요. 들리는 소리와 느끼는 소리가 있는 것일까요?

문영: 길들여진 뇌는 항상 경계태세를 갖추고 비슷한 진동에도 반응해요. TV에서 들리는 휴대폰 소리를 내 휴대폰 소리로 착각하거나 서랍에 넣어둔 휴대폰이 어느 방향에서 울리는지 몰라 두리번거리는 건 1000헤르츠가 만든 환청 때문이래요. 일상생활에서 주로 들리는 샤워 소리, 헤어드라이어 소리, TV광고 소리는 진동수가 1000헤르츠 부근이라 이러한 잡음 사이에서 휴대폰 소리를 구분하는 것이 쉽지 않다고 하죠.

인숙: MP3플레이어 소리의 최대 볼륨을 115데시벨 이하로 제한하자는 집단소송이 미국에서 제기되었대요. 일시적인 큰 소리보다 낮은 소리를 지속적으로 듣는 것이 소음성 난청에 걸릴 위험이 훨씬 높아서 소비자들이 목소리를 모은 거죠. 항상 음악에 빠져 있는 아이들의 청력이 걱정이에요. 이어폰을 빼고 귀 속의 달팽이관을 자주 쉬게 하면 좋으련만.

제2부

인간을 위한 과학, 지구를 위한 과학

$\sqrt{x^2} = |x| = \begin{cases} x & (x \geq 0) \\ -x & (x < 0) \end{cases}$

$x^m \cdot a^n = a^{m+n}$

$\qquad = \dfrac{a(1+r)\{(1+r)^n-1\}}{r}$

$a^{-n} = \dfrac{1}{a^n}$

$a^0 = 1 \quad (a \neq 0) \qquad S = \dfrac{a\{(1+r)^n-1\}}{r}$

$a(1+r)^n$

지구가
힘들다는데
우린 뭘 할 수 있을까

66 사람들이 지구에 남긴 탄소의 흔적은 기후변화라는 재난으로 돌아왔다. 탄소는 편리한 생활을 위한 에너지가 되어 지구를 달구고, 달궈진 지구는 사람들의 일상을 크게 바꾸고 있다. 물과 탄소에서 시작한 생명체, 바로 사람이라는 존재로 인해 지구가 심하게 요동치고 있다. 예측할 수 없는 기후는 먹을 것과 살 곳을 빼앗고 오랜 세월 적응해 왔던 훌륭한 면역력을 잃어버리게 하고 있다. 지구의 변화가 먼저일까? 사람의 이기심이 먼저일까? 지구와 사람의 한판 싸움은 어디까지 왔나 이야기해보자. 99

| 이산화탄소보다 어리석음이 더 큰 문제 |

인숙 : 지역을 가리지 않고 전 지구적으로 나타나는 자연재해의 뚜렷한
증가는 2009년 제15차 기후변화협약 당사국총회COP: Conference of the
Parties가 열리는 덴마크 코펜하겐에 많은 나라의 정상들을 모이게 했
어요. 그래서인지 물방울로 사라진 인어공주가 생각나는 동화의 나

엘 고어의 다큐멘터리 영화 〈불편한 진실〉(2006)

라 코펜하겐은 별들의 전쟁터 같았죠. 지구의 기후변화에 대응해야 한다는 위기의식으로 각 나라의 정책 결정자가 모여 열띤 논의를 벌였지만 결국 이산화탄소 감축 목표는 정하지 못했어요. 자국의 이익은 최대한 살리고 책임은 다른 나라에 떠넘기려고 서로 눈치만 보다 합의점을 찾지 못한 채 2010년으로 미뤘고 아직까지도 뚜렷한 목표치를 정하지 못한 상태죠.

지원: 모두가 함께 사는 지구로 보면 내 것, 네 것이 없고 우리가 있어야 하는데 대한민국 아줌마 입장에서 보니 지구를 덥히는 이산화탄소보다 그들의 이기심과 어리석음이 더 큰 문제라는 생각이 드네요.

동수: 아이와 함께 간 도서관 행사에서 엘 고어 Al Gore 의 〈불편한 진실〉이라는 영상을 봤어요. 지구 기후변화는 이산화탄소에서 시작되었으니 '스톱 STOP-이산화탄소'를 실천하자고 설득하더군요. 아이들이 독수리 오형제가 되어 지구를 지키고 정치인의 의지를 변화시켜야 한다고. 어른 입장에서는 그리 달가운 내용이 아니었지만 지구를 살리겠다고 나선 그의 노력은 높이 평가하고 싶어요.

문영: 요즘 들어 계절이 바뀌거나 해가 바뀔 때마다 '날씨가 변했어요!', '100년 만의 폭염!', '기상 관측사상 처음!', '봄, 가을이 없네!'라는 얘기들을 많이 하는데, 정말 그 원인이 이산화탄소 때문일까 의심이 들기도 해요. 날씨에 영향을 주는 요인은 수없이 많잖아요.

그중에서 사람들이 수집한 몇몇 데이터가 가능성이 높다는 이유로 이산화탄소를 주목한 것은 아닐까 싶거든요.

인숙: 글쎄요. 그럴 수도 있지만 지구가 더 이상 안락한 곳이 아닐 거라는 예상은 두렵네요. 한편으로는 크게 달라지지 않을 거라는 막연한 기대도 있어요. 지구라는 거대한 시스템이 설마 자체 방어책도 없을까? 이산화탄소가 증가하면 그걸 제거하는 또 다른 요소가 활성화되어 적절한 양을 유지하지 않을까? 사실 이런 생각도 들거든요. 물론 오랫동안 이러한 순환이 계속된다면 문제겠지만 너무 호들갑스런 거 아닌가요?

지원: 지구의 평균기온은 섭씨 14도인데 평균기온을 유지하기 위해선 대기 중에 일정량의 수증기와 이산화탄소와 메탄이 필요하죠. 그런데 사람들이 남긴 탄소 흔적으로 그 균형이 깨져버렸어요. 몇십억

산업공단의 굴뚝에서 뿜어져 나오는 이산화탄소

년을 유지해온 지구의 대기환경이 급격히 변한 거죠. 바로 그 급격한 변화가 지구를 힘들게 하고 있는 거고요. 그것만으로도 위기라고 할 수 있죠.

동수: 맞아요. 지난 1만2000년 동안 지구 온도는 1도의 변화밖에 없었는데, 20세기 말에는 겨우 100년 동안에 0.6도가 올랐다고 해요. 이산화탄소 양이 두 배가 되면 기온이 섭씨 5~6도 상승한다던 화학자 아레니우스의 이론이 지구온난화로 증명되고 있는 상태죠.

| 내 장바구니 때문에 더워지는 지구 |

문영: 지구 대기권 밖에서 태양광선에 수직인 면 1제곱센티미터가 1분 동안 받는 태양에너지 양은 2칼로리예요. 지표에 도달하는 에너지는 0.5칼로리 정도고요. 이 에너지 중에 지구 표면의 산란이나 반사로 다시 30퍼센트를 잃어요. 그러니까 지표에 도달하는 0.15칼로리에 24시간, 365일을 곱하고, 지표면적을 곱하면 지구가 1년 동안 받는 태양에너지의 양을 알 수 있어요. 대략만 생각해도 엄청난 양이죠. 섭씨 1도라는 기온을 볼 것이 아니라 그 뒤에 있는 어마어마한 에너지와 그 에너지의 순환체계를 생각해 볼 필요가 있어요. 현재 지구

태양에너지를 얻기 위해 설치된 전지판

평균기온 0.6도 상승도 이런 식으로 생각해야 하지 않을까요?

동수: 태양에너지로부터 사람들이 살기에 적당한 지구로 만들어주는 역할을 하는 것이 이산화탄소와 메탄 같은 온실가스죠. 하지만 지금은 그 온실가스가 많아서 문제가 되고 있어요. 온실가스로 인한 지구온난화 현상은 아주 짧은 시간에 지구의 평균기온을 0.6도 올리는 급격한 변화를 가져왔죠. 그것은 단순히 지금의 평균기온에서 0.6도 올라가는 것을 의미하지 않아요. 현재까지의 기후 정보가 무용지물이 된다는 뜻이죠. 그러니 속수무책인 거예요. 예상치 못한 북반구의 한파와 남반구의 폭염이 동시다발로 사람들의 생존을 위협해도 미리 예측할 수 없는 상황인 거죠.

인숙: 눈 속에 개나리가 피고, 여름 바닷가에 밀려온 덩치 큰 해파리가 화제가 되고, 영화에만 등장하는 줄 알았던 백상어의 날카로운 이빨이 우리 바다에서도 발견되죠. 여름 철새인 백로를 가까운 강이나 하천에서 언제나 볼 수 있고, 겨울잠을 자야 할 것 같은 너구리를 겨울 저녁 산책길에 마주치는 일도 자연스런 일상이 되었어요. 예전 교과서 속 세상과는 많이 달라진 걸 실감하지만, 그래도 나쁘거나 위협적인 것은 아니라고 생각하며 무심코 지나치곤 해요. 하지만 폭설과 폭우, 폭염으로 재해를 입는 지구촌 뉴스를 접할 때면 기후 문제가 심각하다는 생각을 떨칠 수가 없네요.

지원: 현재의 지구보다 섭씨 4도 낮았던 지구는 빙하기였대요. 서울과 제주의 연 평균기온이 4도 정도 차이 나는데 지난해 제주에 갔을 때 본 이국적인 식물의 모습과 생활양식을 기억하면 그 차이가 실감이 나는군요. 빙하기 때 지구 생명체 중 극히 일부만이 살아남았던 과

거 역사를 비추어보면 0.6도가 가볍게 느껴지지 않아요.

동수: 달라진 지구에 촉각을 곤두세우고 어떻게 해야 할까 미리를 맞대고 얘기해야만 해요. 15년을 만나고도 무엇을 어떻게 할 것인지 구체적인 제시안을 만들지 못한 지구 대표들의 부족함에 화가 나지만 기후협약에서 정한 2050년까지 지구 기온을 2도 이상 올리지 말자는 약속에는 동참해야겠죠. 하나뿐인 지구니까!

인숙: 공장 굴뚝 때문에, 소 트림 때문에, 자동차 매연 때문에, 내 장바구니 때문에 지구가 더워지고 있다고 떠드는 말말말의 정치는 이제 그만했으면 해요. 종이컵 하나도 죄책감을 느끼며 쓰도록 하는 무책임한 정책도 이제 그만했으면 좋겠어요. 대체에너지 개발에 주력하든지, 대형 발전소에서 저장 공급하는 방식이 아니라 필요한 곳에서 필요할 때 만들어 쓰는 방식으로 에너지 소비구조를 바꾸든지 하는 구체적이고 효율적인 방안이 제시되어야 하지 않을까요? 많은 에너지를 소비하는 사회 구조의 문제이고 함께 풀어가야 할 문제인데 개개인의 양심에 기댄 편의적 발상은 이제 그만했으면 해요. 그렇다고 종이컵을 안 쓰는 것 같은 소소한 실천을 무시하는 것은 아니에요. 다른 방법도 생각해보자는 거죠.

문영: 저는 에너지를 개발하는 방식이나 소비하는 형태를 바꾸기보다 우선은 지구 위에 둥지를 튼 사람들의 생각과 생활방식을 달리하면 해결책을 찾을 수 있지 않을까 생각해봤어요. 바람소리나 물소리에 민감했고 그것들을 이용할 줄 알았던 옛사람들의 지혜를 다시 한 번 살펴볼 필요가 있어요. 지구에 존재하는 모든 생명체와 함께 숨 쉬며 살았던 감각을 되찾아서 아직은 살만한 지구가 아니라 우리 자손

들이 영원히 살아가야 할 다양한 생명이 자라는 장소로 가꾸어 가야 해요. 사람을 지구의 암으로 비유한 어떤 학자의 푸념은 적어도 지구에 사는 동안은 '나만 아니면 돼'가 불가능하다는 것을 말해주죠.

| 현실화되고 있는 기후 난민 |

인숙 : 투발루라는 나라는 지구온난화 때문에 해수면이 상승해서 육지 대부분이 바다 속으로 가라앉고 있다고 해요. 해수면이 낮은 나라의 국민들은 온난화로 인해 빙하가 녹고 바닷물이 상승하면 살 곳을 잃고 다른 나라로 이주하거나 바다 위를 떠도는 난민이 될 수밖에 없는 거죠. 또 온난화 때문에 기후가 바뀌어서 먹을거리를 제대로 생산하지 못하는 습하고 메마른 땅으로 만들고, 따뜻해진 수온이 많은 수증기를 만들어 바다를 요동치게 하는 바람에 그동안 살았던 땅과 바다를 떠나야 하는 '기후 난민'이 생기고 있는 거죠. 전쟁으로 인한 난민보다 기후 난민의 수가 점점 많아지고 있다고 해요.

지원: 원조와 봉사만으로 해결될 문제가 아니라고 생각해요. 사실 지구온난화의 최대 피해자라 할 수 있는 투발루 사람들은 억울할 거예요. 그들은 화석연료를 그렇게 많이 쓰지도 않았잖아요? 그런 의미에서 많은 화석연료를 이용해 부를 축적한 선진국들이 남의 이야기마냥 두 손 놓고 있어선 안 되죠. 개개인의 인정에 기대는 봉사나 원조보다는 체계적인 대책이 있어야 하지 않을까요? 그런데 투발루 국민들은 어디로 가나요?

동수: 일부는 뉴질랜드로 이주했다고 해요. 그런데 뉴질랜드로 이주한 투발루 사람들이 제대로 정착하기까지는 얼마의 시간이 필요할까요? 나라 없는 설움을 누구보다 잘 안다고 생각하는 우리지만 실제로 투발루 사람들을 받아들일 수 있을까는 의문이에요. 솔직히 지금 가지고 있는 우리의 땅과 먹을거리와 일자리를 나누는 것에는 인색할 수밖에 없다고 생각해요. 당장 굶어 죽게 생긴 먼 나라 사람들보다 나를 닮은 내 가족과 내 나라 사람들의 편안함과 안락함이 우선되니까요.

인숙: 단일민족의 자부심을 교육받았던 우리 세대와는 달리 단일민족이라는 말의 의미도 잘 모르는 우리 아이들의 생각은 좀 다를까요? 나라가 다르고 피부색과 차림새가 달라도 한 가족으로 받아들일 수 있을까요? 피부색을 이야기하다보니 문득 《해리포터》라는 책이 생각나네요. 순수마법사 혈통만을 내세우는 말포이와 해리포터의 싸움이 생각나요. 아이들이 미워하는 캐릭터지만 아이들은 알까요? 어느덧 많아진 우리나라 다문화가정의 아이들을 온전히 우리 국민으로 바라보지 않는 시선도 말포이와 다르지 않다는 걸. 우리 편 이겨

라! 저쪽 편도 잘 해라! 를 부르던 우리네 잔치의 떠들썩한 외침과 넉넉함이 새삼 아쉽다는 생각이 드네요. 예전보다 살기는 좋아졌지만 넉넉함은 없어져 가는 것 같아요. 실제로 저도 남에게 베풀기보다는 내가 가진 것도 부족하다고 생각하면서 살거든요.

문영: 아이들이건 저를 포함한 어른이건, 어쩌면 함께 살아가는 법이 가장 시급하고 중요하게 공부해야 할 과목이라는 생각이 드네요. 이번 코펜하겐회의에서 무책임한 미국을 꼬집은 베네수엘라 차베스 대통령의 연설이 생각나요. 자기 말만 하고 쪽문으로 사라진 오바마 대통령의 모습에서 말뿐인 인류 공동의 운명이 걸린 회의, 장사치의 생색내기 그린펀드를 봤다고 했다죠.

지원: 그린펀드가 뭐죠?

인숙: 기후변화에 대응하는 데는 많은 돈이 필요한데 개발도상국이나 극빈국은 그만한 자금이 없으니 선진국이 조건을 걸고 자금을 지원하겠다는 거죠. 탄소배출을 제한하게 되면 에너지를 절약하거나 새로운 에너지를 사용해야 하는데 그런 기술은 선진국이 많이 가지고 있으니까요.

동수: 개발도상국에서는 그동안 많은 탄소를 배출한 선진국들이 갓 산업화가 시작되는 개발도상국에 친환경 기술을 제공하는 건 의무라고 목소리를 높이고 있죠.

문영: 맞는 말이네요! 실제로 기후변화 때문에 피해를 보는 나라는 선진국보다 개발도상국이 많죠. 이런 인류 공동의 위협 앞에서 미국의회는 지적재산권 보호를 운운했다니 기후변화도 달러로 보는 '기후 장사' 맞네요.

인숙: 많아진 이산화탄소 양을 줄일 수 있는 무언가를 팔고 사는 것이 그린펀드라면 지금까지 배출한 탄소도 소급적용하는 것이 맞는 것 같아요. 아직 그 이산화탄소의 영향에서 벗어난 것이 아니니까요. 무엇을 선택해야 하는가 하는 갈등에서 눈앞의 이익보다 먼저 '의'를 생각하라던 우리 선조들의 가르침을 그들에게도 알려주고 싶네요.

| 에너지 제로를 찾아나선 사람들 |

문영: 저탄소 녹색 성장, 익숙한 말이에요. 기후변화에 대응하는 대한민국의 선택이고요. 이 모토가 내 생활에 끼치는 영향은 분리수거하고, 대중교통 이용하고, 물건 아껴 쓰고 하는 정도일 거라고 생각했는데 아니더라고요. 당장은 전기세 같은 세금이 올라가지만 앞으로는 내가 쓰는 에너지의 상한선이 정해질 수 있대요.

동수: 우리가 누리는 쾌적한 생활은 대부분 전기에너지의 힘이죠. 그런데 그 전기를 만들어내기 위해서는 필연적으로 탄소를 배출할 수밖에 없어요. 그러니 미래를 위해서 생활방식이 달라져야 하는데 그 예가 스마트그리드smart grid와 생태도시죠.

지원: 스마트와 생태라, 좋은 단어이긴 한데 내 에너지 소비가 실시간으로 체크되고 통제당하는 게 썩 좋지는 않아요. 다이어트하는 사람처럼 매순간 칼로리 계산하듯 에너지를 체크하고 있으면 스마트해서 행복할까 의문이 생기네요. 첨단의 똑똑한 네트워크를 어떻게 현명하게 운용하는가 하는 일이 또 개인들의 손에 달렸네요.

인숙: 언덕 위의 멋진 집은 아니지만 실속을 따지자면 어디에도 뒤지지

않는 생태마을이 있어요. 영국의 런던 교외에 환경을 생각하는 사람들이 지은 곳인데 주변에서 구할 수 있는 자재로 건물을 짓고, 먹을거리도 직접 키우거나 제때에 나는 것을 먹고, 차도 공동으로 사용하고 사람들의 생각도 탄소배출 제로에 맞춘 곳이라더군요.

문영 : 생각도 제로에 맞춘다고요? 사람들의 관심사가 탄소배출을 어떻게 하면 줄일 수 있을까에 집중되어 있다는 뜻인가요? 일단은 대량생산을 덜 해야 탄소배출을 줄일 수 있을 테니 좀 더 절약을 하자는 말인가요?

인숙 : 반만 맞아요. '덜 먹고, 덜 쓰고' 가 아니라 '한 번 더 생각하기' 예요. 물건을 사기 전에 꼼꼼히 따져보자는 거지요. 예를 들어 추운 겨울 영국에서 가까운 네덜란드와 먼 케냐에서 온 장미가 있다면 어느 쪽이 지구도 생각하고 사는 사람에게도 이익일까요?

지원 : 단순히 생각하면 이동거리가 짧은 네덜란드산 장미를 선택해야 겠지요.

인숙 : 거리만을 따지자면 그게 옳은 선택이에요. 하지만 이건 장미가 생산되는 과정이나 이동 거리, 수송수단에 대해서도 모두 묻고 따져보자는 거예요. 온실에서 자라고 트랙터나 화학비료를 사용하는 장미보다는 조금 먼 케냐에서 자란 장미가 훨씬 탄소배출이 적대요. 먼 거리를 수송하는 데 드는 에너지를 생각하면 타당하지 않은 것 같지만 탄소배출에 의한 손해와 환경보호를 생각하면 맞는 말인 것 같기도 해요. 쉽지 않은 문제죠. 꼼꼼히 알아보지 않으면 제대로 된 선택도 힘들고요. 하지만 지구를 잠시 빌려 쓰고 있는 우리가 꼭 챙겨야 할 일인 건 분명해요. 마지막 사과나무를 심는 심정으로 이러한

정보들을 공유해야 하지 않을까요? 지구가 스스로 처리하지 못하는 탄소배출을 제로로 만드는 그날까지요!!

우리의 욕심과
어리석음,
절약이 능사는 아니다

> 지구 자원이 고갈되어 간다. 사람들의 끝없는 욕심과 어리석음으로 에너지 자원
> 이 사라지고 있다. 자린고비 같은 절약만으로는 추운 겨울을 이겨낼 수 없고, 태양을 피
> 하는 것만으로는 더운 여름을 이겨낼 수 없다. 에너지 부족이 화석에너지라는 잘못된
> 선택에서 시작되었다면 지금 다시 시작하면 어떨까?

| 12초 내 투구, 화장지 절약비법 등 듣다보면 씁쓸해져요 |

인숙 : 2010년 한국야구위원회KBO가 투수에게 12초 안에 공을 던질 것
  을 요구했대요. 무슨 소린가 했는데, 알고 보니 단축한 시간만큼 야
  간 경기장의 전기를 절약할 수 있다는 것이었어요. 얼마 뒤에는 쓰
  레기통을 에너지 수거함이라는 이름으로 바꾸자는 신문기사를 읽었
  어요. 그 순간 답답하고 화가 나더라고요. 에너지를 절약하자는 것
  인지, 에너지 절약을 보여주자는 것인지 그런 정책들의 진정한 의도

가 궁금했어요!!

문영: 그 말을 들으니 대한민국의 에너지를 관리하고 책임지는 곳이 어딘지 궁금해지네요. 얼마 전 휴지를 아껴 쓰는 방법에 관한 기사를 읽었어요. 화장실 휴지를 위쪽으로 풀리게 걸어두면, 필요한 만큼만 뜯어서 쓰게 돼 낭비를 줄일 수 있다는 것이었죠. 아래쪽으로 풀리게 걸어놓았을 때와 비교하면 한 집에서 몇 그루의 나무를 심는 것과 같은 효과가 있대요. 재밌는 기사라고 생각하며 무심히 넘겼는데 곰곰이 생각해보니 씁쓸해지더라고요.

인숙: 지금은 고등학생인 큰아이가 유치원 다닐 때였어요. 아이는 두루마리 휴지를 한 번에 세 칸만 사용하라는 선생님 말씀을 지키려고 열심이었지요. 그 모습이 귀엽기도 하고 우습기도 해서 관심 있게 지켜봤는데, 꽤 오랫동안 지속되던 아이의 습관이 유치원을 졸업하자마자 사라지고 말더군요.

지원: 아이를 키우다보면 아이가 스스로 받아들이지 않은 반복적인 훈련이 얼마나 허망한지 경험하게 되죠. 엄격한 선생님 때문에 반듯한 글씨와 바른 자세, 남기지 않는 식습관을 들여도 그 선생님 곁을 떠나는 순간 흐트러져버려요. 결국 스스로 선택하고 결정하지 않은 습관은 오래 가지 않더라고요. 매번 아이에게 '왜?'를 생각하게 하는 것은 어려운 일이지만, 알고 노력하는 것과 모르고 시키는 대로 하는 것은 큰 차이가 있는 거 같아요. 요즘은 광고에서도 알게 모르게 스며들듯 에너지 절약을 이해시키고 교육(?)시키는 것 같은데 아이들에게는 효과가 있다는 생각이 들기도 해요. 올바른 습관을 가지기 위해 '왜' 필요한지 시시각각 알려주고 실천으로 보여줘서 자연스럽게 습

득하는 게 필요할 것 같아요. 항상 느끼는 거지만 엄마 노릇하기 정말 어렵네요.

문영: 지금의 에너지 절약은 개인의 습관보다는 기술을 필요로 해요. 아껴 쓰기보다는 에너지 효율이 높은 방법으로 바꾸는 게 훨씬 효과적이죠. 백열등은 LED 전구로 바꾸고, 전력 시스템도 스마트그리드(차세대 친환경 전력 시스템)로 바꾸고요. 개인보다는 나라가 앞장서서 움직여야 한다고 생각해요.

동수: 그런데 정치인들은 에너지의 효율성보다는 한강다리의 아름다움과 광화문 광장의 화려함만 보여주기 바쁘고, 국민만이 티끌모아 태산을 만들려고 하니 답답한 일이죠.

인숙: 1970년대 석유 파동을 경험한 세대여서 어릴 적부터 몸에 밴 습관이 아니라 고양이가 눈 가리고 아웅 하는 식으로 잠시 불편함을 참는 에너지 절약 같다는 생각을 해요. 가렸다고 고양이가 아닌 것은 아니잖아요. 그런데 최근 에너지 절약과 에너지 부족이 불거지는 이유는 뭘까요? 에너지원인 석유, 석탄, 가스 같은 화석연료가 고갈되고 있어서일까요? 비싸지 않으면서 오랫동안 사용할 수 있는 대체에너지가 없어서일까요? 지구의 기후변화 때문일까요? 혹 에너지로 서열화되어 있는 지구 연합에 새로운 질서가 필요해서일까요?

문영: 모두 아닐까요? 100년도 안 되어 바닥을 드러내는 화석연료를 주 에너지원으로 선택한 시작이 잘못된 것인지, 100년 뒤 인구가 네 배로 증가할 줄 몰랐던 어리석음 때문인지, 산업화의 발전 속도를 조절하지 않은 사람들의 욕심 때문인지 몰라도 지금의 화석에너지 사용은 지구와 지구 위에 살고 있는 사람들의 생활에 너무나 과도한

영향을 주고 있어요.

동수: 옛날에는 사람의 힘과 주변에서 누구나 얻을 수 있는 자연(태양, 바람, 물 등)의 힘을 이용해서 일을 했죠. 에너지가 필요하면 필요한 만큼 생산하고 소비해도 살 수 있는 사회였어요. 많은 양의 일을 하려면 많은 시간이 걸렸지만 생산과 소비가 동시에 이루어지는 에너지 체계였던 거죠. 하지만 사회가 빠른 속도로 발전하면서 편리해진 만큼 많은 에너지가 필요해졌고, 지금의 화석에너지는 특정 지역에서 소수의 누군가에 의해 생산되어 돈을 주고 사고파는 제품이 되었어요. 많은 사람들을 웃고 울게 하는 힘의 에너지가 된 셈이죠.

| 에너지의 노예로 전락한 우리 |

지원: 현대사회는 편리한 생활용품만큼 에너지의 노예가 되어버렸다는 생각이 들어요. 길들여진 쾌적함을 포기하는 것은 쉬운 일이 아니죠. 그래도 요즘은 친환경이라는 표어 아래 야구장에 태양광 발전 시설을 만들고, 아파트 옥상에 태양 전지판을 설치하고, 제철 음식물을 먹으려고들 해요. 필요한 에너지를 소규모로 생산하고 소비하는 형태로 바꾸려는 움직임들이죠. 무척 다행한 일이에요.

인숙: 스스로 움직여 먹을 것을 얻고 가까운 곳에서 편리한 방법을 구하는 것은 건물 안에 갇혀 불분명한 일을 할 때와는 다른 자부심과 자신감을 주지 않았을까요? 몸은 힘들어도 마음속에서부터 차오르는 따뜻한 행복감도 있었을 것 같아요.

지원: 한 곳에서 에너지를 생산하고 공급하는 구조는 에너지 소비를

아줌마들의
과학수다

가진 자와 못 가진 자로 양분하는 듯해요. 그러다보니 나라와 나라, 사람과 사람 사이에 에너지 격차만큼 큰 거리도 생기게 되고요. 지구상에서 일어나는 많은 분쟁의 원인이 바로 에너지 아닌가요?

동수: 라디오를 듣다가 '세상 참 많이 변했다!' 고 생각한 적이 있어요. 생활보호대상자에게 생계비와 더불어 에너지 보조금을 지급하고, 이웃돕기 성금으로 에너지 포인트를 모았다는 것이었어요. 에너지 절약을 실천하고 얻은 포인트로 추위에 떨고 있는 이웃을 돕는 새로운 방법이 생긴 거죠.

문영: 아프리카 어린이에게 털모자를 보내자는 운동과 같네요. 밤낮의 기온차가 심해서 추위를 견디지 못하고 생명을 잃는 아이들을 돕자는 거였죠. 한편에서는 '상태변화물질PCM: Phase Change Material'이라는 최첨단 소재로 200~300도의 온도 변화에 견딜 수 있는 우주복도 만들어내는 시대인데 털모자 하나로 생명을 구할 수 있는 시대라는 게 새삼 가슴이 아프네요.

지원: '기술이 당신을 자유롭게 하리라' 는 광고 문구를 요즘 많이 보는데, 에너지를 생산하고 저장하는 기술의 혜택이 모든 사람에게 골고루 돌아가서 모두가 스스로 자유로워졌으면 좋겠어요.

동수: 어려운 경제를 살릴 수 있는 기술이라는 원자력 발전에 대해서도 말을 안

200~300도의 온도 변화를 견딜 수 있는 PCM 소재의 우주복

하고 넘어갈 수 없네요. 아랍에미리트 원자력 발전소 건설 수주로 우리나라가 많은 수익을 얻을 뿐만 아니라 실업률도 조금은 낮출 수 있다고 희망적인 추측들을 하고 있지만 워낙 위험성이 크다보니 걱정이 되는 게 사실이에요.

문영: 핵폭발로 지구가 멸망하는 영화들을 봐선지 화석에너지를 대체할 클린에너지로 원자력이 자리매김하는 것에 거부감이 드는 것은 어쩔 수가 없네요. 핵에너지가 핵무기와 관련되어 있다는 생각은 기우일까요? 핵무기를 보유한 나라의 배짱을 바로 옆에서 실감하며 살아서인지 반갑지만은 않은 게 솔직한 심정이에요.

지원: 게다가 2011년 3월 쓰나미로 일본의 원자력 발전소가 붕괴되는 걸 보니 그동안 막연히 가지고 있던 원자력 발전의 문제점이 실감되더군요. 뭔가 위험할 수 있다는 것을 알지만 그래도 특별히 다른 대안이 없는 상태라 '안전하게만 하면 괜찮을 거야'라고 자위했던 원자력 발전소에게 큰 코 다친 격이라고나 할까요.

2011년 3월 대지진의 여파로 후쿠시마 원자력 발전소 사고가 발생해 원자력 발전의 위험성이 제기되었다.

| 신나고 즐거운 흥이 나는 삶의 에너지 |

인숙: 비를 피해 들어간 북카페에서 우연히 집어든 책이 세계재생가능
　에너지위원회 의장인 헤르만 셰르의 책이었어요. 유한한 자원에서
　얻어지는 화석이나 핵에너지가 아니라 무한한 자원(태양, 바람, 파도,
　물, 유기물 등)에서 얻는 재생가능 에너지만이 미래 에너지의 대안이라
　는 내용이었죠. 모든 사람들에게 충분한 에너지를 지속적이고 안정
　적으로 공급할 수 있다는 그의 주장은 설득력 있고 매력적이었어요.
동수: 요즘 우리나라도 신재생에너지에 대한 관심이 높아지는 거 같아
　요. 음식물 쓰레기와 대관령 언덕의 세찬 바람, 서해 바다의 밀물과
　썰물이 에너지원이 되는 재생에너지는 전체에너지 생산에 비하면
　아주 낮은 비율이지만 지구환경을 보호하고, 현재의 삶을 유지시키
　는 에너지로 각광을 받고 있죠.
지원: 세계적으로 시스템이 잘 갖춰진 재생에너지 도시는 새로운 관광
　명소가 되고 있어요. 또 새로운 일자리를 창출하는 산업으로 지역
　경제에 단비 같은 존재가 되고 있고요. 그런데 에너지를 생산하는
　원료는 바뀌었지만 운반 방법이 화석에너지에서 벗어나지 못해 에
　너지 효율 면에서는 부족한 점이 많대요. 에너지 생산을 대형화하지
　않고 소비가 이루어지는 곳에서 필요한 만큼 소규모로 생산하는 구
　조로 바뀐다면 효율적일 것 같은데 현재의 도시 형태에서는 그런 시
　스템을 수용하기가 쉽지 않죠. 하지만 공동 전기 정도는 감당할 수
　있는 태양전지를 설치한 아파트나, 각각의 전력을 담당하는 태양전
　지를 갖춘 신호등이나 가로등이 꾸준히 늘어나는 걸 보면 실용화의

걸음마는 시작됐다는 생각을 해요.

인숙: 생태도시를 꿈꾸는 많은 사람들이 활동하는 것으로 알고 있어
　　요. 생태도시의 궁극적인 목표는 에너지의 자급자족이죠. 자연이 주
　　는 것을 최대한 이용하고, 인간이 새롭게 만드는 인공 구조물을 최
　　소화하면서 자연과 교감하며 살려는 노력이에요.

동수: 재밌는 생각을 해봤어요. $E=mc^2$이라는 아인슈타인의 이론에 따
　　르면 모든 존재하는 것은 에너지를 가지고 있다고 할 수 있지 않을
　　까? 그렇다면 주변의 모든 것은 형태만 다를 뿐 에너지인 거잖아요.
　　내게 필요한 에너지로 바꾸는 방법만 안다면, 살아가는 동안 에너지
　　는 얼마든지 얻을 수 있을 거라는, 황당하지만 가능해지기 바라는 상
　　상을 해봤어요.

인숙: 지구라는 행성이 만들어지기까지, 인류라는 생명이 탄생되기까
　　지, 아무런 의미 없이 존재하거나 일어난 일은 없었다고 생
　　각해요. 태양의 복사에너지와 소행성의 충돌에너지, 운석
　　의 이온들과 달의 인력과 판의 이동, 화산폭발과 지진. 이
　　모든 것이 어우러져 지구라는 에너지를 탄생시켰고, 인류
　　라는 생명을 탄생시킨 거죠.

문영: 영화 〈매트릭스〉에서는 사람이 매트릭스 시스템의
　　에너지원으로 등장하죠. 영화를 볼 때는 '어떻게 저런
　　생각을 할 수 있을까?', '정말 대단한 상상력이다' 라고
　　만 생각했는데 전혀 근거 없는 상상은 아니었던 것

신재생에너지로 주목받고 있는 바람을
이용한 풍력발전 설비

같아요. 지금은 실제로 사람 몸 안에 있는 인공장기를 움직이는 에너지원으로 생체연료전지가 개발되고 있으니까요.

지원: 사람은 사용할 수 있는 물질로서의 에너지 말고 더 심오하고 불가사의한 에너지를 가지고 있다고 생각해요. 기적이라 불리는 많은 일들이 사람 사이의 관계에서 일어나죠. 그것도 일을 해냈다는 의미에서는 에너지라고 할 수 있잖아요? 또 올림픽에서 감동의 눈물을 흘리는 선수들은 신나고 즐거워하는 '흥' 이라는 에너지를 가지고 있는 것 아닌가요?

동수: 에너지의 사전적 의미는 '일을 할 수 있는 능력' 이에요. 스스로 변화하거나 다른 무언가를 움직이게 하는 것이죠. 3월은 꿈틀꿈틀 일을 시작하는 달이잖아요? 그런 의미에서 3월을 에너지의 달이라고 하면 어떨까요. 모두가 모든 일을 새내기의 떨림과 설렘으로 시작했으면 좋겠어요.

유전자변형작물이
세계 식량난을
해결할까

66 식량이라고만 생각했던 콩과 옥수수에 미처 생각지 못한 이야기가 많았다. 바이오에너지도, 유전자변형도 끌어안고 있었다. 내가 먹는 과자와 아이스크림, 내가 쓰는 컴퓨터에도 콩과 옥수수가 있었다. 인류의 식량난을 해결할 위대한 선(善)이 될지 환경을 거스르는 대가로 사람들에게 치명적인 악이 될지는 모르지만 선택하지 않았는데도, 나도 모르는 사이에 유전자변형식품을 먹고 있다. 에너지로서도 아니고 변형되지도 않은 하얀 꽃과 하얀 수염의 콩과 옥수수를 만나고 싶다. 99

| 아이들의 굶주림은 모두의 책임 |

인숙: 주말 오후에 TV에서 소개한 필리핀의 파야타스란 마을을 보고
　　　한동안 할 말을 잃었어요. 파야타스는 '쓰레기 산'이란 뜻인데, 수도
　　　마닐라에서 배출된 쓰레기가 산을 이루고 있었어요. 그런데 그 마을
　　　아이들은 해맑게 웃으며 쓰레기더미 위에 앉아 친구들과 수다를 떨

며 먹을 것을 찾고 있었죠. 그리고는 쓰레기 산에서 찾은 음식물로 한 끼 식사를 해결하더군요. 배고픔을 일상처럼 받아들이는 아이들의 모습이 너무도 안타까웠어요. 가난은 누구도 해결해주지 못한다고 하지만 희망이라는 기회는 주어져야 하는 것 아닌가 하는 생각이 떠나지 않았어요.

지원: 그런 곳에서 사람이 살 수 있다는 게 충격적이에요. 필리핀은 건기와 우기로 나뉘는 열대지역인데 하루 종일 비가 내리면 어떻게 살까요? 그나마 그 쓰레기 산이 생계의 터전이어서 지난 2000년에 태풍으로 그 산이 무너졌을 때는 생계마저 막막했다니 생각만 해도 처참한 일이네요.

인숙: 더 놀라운 건 그곳 주민이 20만 명이나 된다는 거예요. 가난하다고 하지만 바다가 있고 따뜻한 날씨가 있는데 먹을 것을 구할 곳이 쓰레기 산밖에 없다니, 처음엔 놀라웠지만 나중에는 화가 나더라고요. 그곳 사람들의 사는 방법에 문제가 있거나 사회제도에 차별이 있거나 뭔가 크게 잘못됐다는 생각이 들어요.

동수: 지구 전체를 놓고 보면 인구 대비 식량이 절대적으로 부족하지 않을 거라 생각해요. 골고루 공평하게 나누어지지 않고, 한쪽으로 치우쳐 있어서 문제가 생기는 거겠죠.

필리핀 마닐라 외곽에 위치한 파야타스에서 쓰레기를 줍는 어린이들

문영: 비행기와 핸드폰으로 물리적 거리가 더 이상 장애가 되지 않는 지구촌 시대인데, 가까워진 물리적 거리만큼 심리적인 거리도 줄었으면 좋겠네요. 지구 식구들이 모두 잘 먹고 잘 살기 위해 사랑과 관심 같은 개인적 차원의 해결책 말고 진짜 도움이 될 만한 좋은 정책이나 사회구조, 이런 해결책 없을까요?

인숙: 인구증가, 식량부족, 환경오염, 그리고 에너지개발 같은 지구 공동 문제는 어느 한 나라가 주도해서 해결할 수 있는 것이 아니겠죠. 하지만 누군가 나서서 지구 전체의 많고 적음을 적절히 소통시킨다면 아이들이 굶어죽는 일은 막을 수 있지 않을까요? 아이들에 관한 문제는 우리 모두의 문제라고 생각해요. 생명을 키우는 봄이 따스한 햇살에서 시작하듯, 아이들의 꿈도 당장의 먹을 것이 아니라 쓰레기 산 너머의 배움과 희망에서 시작할 수 있도록 어른들이 노력을 기울였으면 좋겠네요.

문영: 한쪽에서는 삶의 질을 따지고 먹을거리의 안전을 얘기하는데, 다른 쪽에서는 버려진 쓰레기로 연명한다니 참 답답하네요. 그러면서도 남의 일이라 당장은 내 먹을거리의 안전문제를 더 따지게 되죠. 먹을거리를 사려고 보면 친환경, 유기농, 무농약, 저농약 등 종류도 참 많아요. 보통 아이들이 먹을 것은 신선도와 가격을 비교하면서 인증 농산품을 고르지만 썩 믿음이 가진 않아요. 그나

마 유전자변형GM: Genetically Modified 농산물이 아니고, 제철에 나온 신토불이 먹거리라는 것에 만족하죠.

| 친환경 기술로 변하고 있는 농사 |

동수 : 유전자변형은 종자에 관한 것이고, 유기농과 무농약, 저농약은 생산하는 방법을 얘기하는 거라 서로 성격이 조금 다르다고 하네요. 유기농은 화학적으로 합성하지 않은 퇴비 같은 유기질 비료를 사용해 3년 동안 땅의 힘을 키우고, 잡초 제거나 병충해 방제도 정부가 인증한 유기농 자재만을 사용한대요. 무농약과 저농약은 정부가 정한 기준에 따라 농약과 화학비료의 사용량에 의해 구분되고요.

지원 : 농산물 품질에 관한 관심은 '우루과이 라운드' 타결 후에 농촌 발전을 위해 경쟁력 있는 농산물을 장려하면서 시작되었어요. 지금은 크게 일반품질인증과 친환경농산물인증으로 구분하는데, 유기농과 무농약 제품은 친환경농산물에 속해요.

문영 : 그럼 생태계와 사람들의 건강을 생각해 농약과 화학비료를 사용하지 않는 것을 친환경 농업이라고 간단히 말할 수 있겠네요.

인숙 : 친환경 농업은 농약과 비료를 사용하지 않는 것에 그치지 않고 좀 더 적극적으로 환경과 사람의 건강에 위해한 요소를 줄여가는 농업 방식이에요. 오리를 논에 풀어 잡초와 해충을 제거하는 벼농사, 벌을 이용한 딸기 재배, LED 조명을 이용한 꽃 재배, 유용한 미생물을 이용해 토양을 건강하게 만드는 농사법 같은 과학기술을 접목한 경우를 말하죠. 그중 하나가 종자 개량인데 전통적인 육종과 유전자

변형으로 구분할 수 있어요.

문영: 농약과 비료 없이 옛 방식으로 짓는 농사가 친환경 농업이라고 생각했는데 오히려 과학기술이 접목된 농사방법이라니 참 새롭네요. 그런데 육종도 친환경 농법의 하나라니 더 자세히 알고 싶네요. 유전자변형과는 어떻게 다른가요?

인숙: 육종은 종간의 교배를 통해 이로운 유전자를 갖는 품종을 만드는 것이고, 유전자변형은 필요한 유전자를 가져다 붙이는 생명공학 기술이에요.

| 유전자변형은 표시되어야 한다 |

지원: 육종은 10년 이상 시간이 걸리는데 유전자변형은 원하는 품종을 짧은 시간에 얻을 수 있어서 인류의 식량 문제를 해결할 묘안으로 부각됐죠. 유전자변형 기술을 통해 다수확과 질 좋은 농산물을 기대했지만, 위해성이 거론되면서 표면상으로는 주춤하는 듯해요. 하지만 우리 먹을거리의 많은 부분에 이미 유전자변형 옥수수와 콩이 사용되고 있어요. 당장의 이익을 원하는 입장에서는 당연한 선택일지 모르지만 소비자에게도 선택권은 있어야 하지 않을까요?

인숙: 유전자변형은 기술상 문제로 항생제 저항을 가질 수밖에 없다고 해요. 항생제 저항은 사람의 건강을 해치는 내성 문제뿐만 아니라 생태계 질서를 무너뜨릴 수 있다는 우려도 있죠. 또한 대량생산의 이익과 더불어 결과를 정확히 예측하고 조절할 수 없어 사람에게 해로울 거라는 염려와 괴물을 만들어낼 수 있다는 오해 때문에 이러지

도 저러지도 못하는 뜨거운 감자가 되고 있어요.

동수: 식품의약품안전청은 먹을거리의 안전을 염려하는 시민단체와 학계의 의견을 받아들여서 유전자변형식품의 표시 기준을 강화했어요. 주요 원료만이 아니라 첨가제의 유전자변형도 표기하고, 가공과정에서 원료를 고열·고압 처리하는 간장과 식용유도 예외 없이 유전자변형을 표시해야 해요.

문영: 유전자변형 표시만으로는 안심할 수 없어요. 2005년 농산물이력추적제도가 도입된 것이 그나마 안전한 먹을거리를 위한 걱정을 덜어주네요. 제품 바코드를 통해 농산물의 생산에서 유통까지 전 과정을 알 수 있으니까요. 이 기록으로 소비자는 올바른 선택과 모니터링을 할 수 있어요. 생산현장을 찾아가 직접 확인할 수 없는 상황에서 참 고마운 일이죠.

| 새로운 유전자변형식물들의 도전 |

지원: 육종과 유전자변형의 중간자 역할로 'DNA 표지를 이용한 육종'이 제시됐어요. 미국 농림부 '2008 최고의 연구상 Discovery Award'을 받은 '홍수에 강한 벼'가 바로 육종을 이용한 거예요. 필리핀의 데이비드 매킬 박사와 미국 연구팀이 공동으로 홍수를 이기는 유전자 'Sub1A'를 지닌 인도의 전통 벼와 생산력이 뛰어난 벼를 교배해서 새로운 품종을 만들어낸 거죠. 필요한 유전자가 이전됐는지는 생명공학 기술인 'DNA 표지'로 확인하고요. 품종을 개발하는 데 걸리는 시간이 직접 키워 확인하는 방법보다 훨씬 빨라졌다고 하네요.

인숙 : 실험에 참여한 방글라데시와 인도는 해마다 홍수로 3000만 명분의 식량을 잃었는데, 'DNA 표지를 이용한 육종'으로 새로운 미래를 개척할 수 있는 힘을 얻었다고 하죠.

동수 : 사람에게 득이 될지 해가 될지 유전자변형의 기본부터 따져보는 것이 답을 구하는 데 도움을 줄 것 같네요.

인숙 : 유전자변형은 다른 종의 유전자를 의도적으로 집어넣어 유전자를 재조합하는 거죠. 이중나선 모양의 DNA가 생물의 유전자임을 발견한 후 1967년에 마틴 겔러트가 DNA 리가아제DNA ligase를 발견하고, 1970년 해밀턴 스미스와 다니엘 네이선스가 제한효소를 발견함으로써 유전자를 재조합할 수 있게 되었다고 해요. 제한효소로 필요한 DNA 염기서열을 자르고 DNA 리가아제로 원하는 곳에 갖다 붙이는 거죠. 이런 유전자 재조합으로 1978년 미국에서 대장균 염색체에 사람의 인슐린 유전자를 조합해 다량의 인슐린을 생산했어요. 지금도 대장균을 이용한 인슐린 생산으로 많은 당뇨환자들을 살리고 있죠. 필요한 유전자를 자르고 붙이는 유전자변형은 사람의

8일 동안 물을 주지 않다가 그 이후에 물을 주자 빠른 회복세를 보이는 가뭄에 강한 Sub1A 유전자가 들어 있는 벼(빨간 테이프 오른쪽)

먹을거리를 생산하는 데 적용되어 많은 유전자변형식물을 탄생시
켰어요.

문영: 유전자변형식물은 1994년 무르지 않는 토마토를 시작으로 제초
제에 강한 콩, 해충 저항성이 큰 옥수수 등이 재배되고 있죠. 미국
식품의약안정청FDA의 승인도 받았고요. 유전자변형식물이 개발된
지 겨우 15년 지났지만 미국 곡물 생산량의 절반을 차지한대요. 농
민 입장에서 단편적으로 생각하면 제초제나 해충방제가 필요 없는
유전자변형식물이 손이 덜 가서 편하고 수확도 좋으니 고마울 수 있
죠. 하지만 그게 다일까요?

지원: 유전자변형식물을 만들어낸 회사도 유전자변형 품종은 특허가
있어 비싼 값에 팔 수 있고, 제초제 저항성 식물의 경우에는 자기 회
사 농약이나 제초제를 함
께 사야만 효과를 볼 수
있도록 조절하면 지속적
인 이익을 발생시킬 수 있
어 일석이조죠. 그러니 계
속 개발을 할 수밖에 없는
거고요.

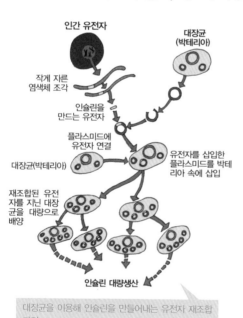

인간 유전자

대장균
(박테리아)

작게 자른
염색체 조각

인슐린을
만드는 유전자

플라스미드에
유전자 연결

대장균(박테리아)

유전자를 삽입한
플라스미드를 박테
리아 속에 삽입

재조합된 유전
자를 지닌 대장
균을 대량으로
배양

인슐린 대량생산

대장균을 이용해 인슐린을 만들어내는 유전자 재조합
과정

문영: 그런 이유로 농민
들도 처음에는 더 많은
소득을 기대하며 종자회
사에서 씨앗을 사다 썼는
데 해마다 더 많이 필요

한 제초제와 더 비싸지는 씨앗 값에 오히려 소득이 줄어든다고 하니 뭐가 옳은지 알 수가 없네요. 지금 이렇게 몇 개의 거대 종자 회사가 생물 다양성을 위협하고 있는데, 그렇지 않아도 지구온난화로 생태계 변화가 필연적이라고 예상되는 상황에서 미래 지구가 자생할 수 있는 힘을 약화시키고 있는 것은 아닌지 걱정하지 않을 수 없군요.

| 유전자변형식물의 미래 |

인숙: 유전자변형식물은 사람의 건강과 생태계에 변종이라는 새로운 문제를 만들었지만, 앞으로는 더욱 획기적인 실험들이 진행될 거라고 생각해요. 현재의 유전자변형식물은 단순히 영양성분과 해충의 저항성을 높이는 정도지만, 이미 옥수수나 밀에서 천연 플라스틱 성분을 생산하는 데 성공했고, 의약품을 식물에서 생산하는 연구도 진행되고 있죠. 어디에서 무엇을 만들어낼지는 그걸 다루는 사람 마음대로 마술처럼 가능해질 거 같아요.

지원: 과학기술에 대한 소유가 식량과 사람의 건강을 좌우한다면 우선적으로 개발하고 싶은 맘이 드는 것도 사실일 거예요. 게다가 눈앞의 경제적 이익도 무시할 수 없고요.

동수: 유전자변형이 아닌 다른 방법도 있어요. 유전자변형식물이 없는 뉴질랜드처럼 느리게 가는 방법 말이에요. 뉴질랜드에서는 오랜 시간이 걸리더라도 고유의 종자를 보존하며 전통적인 교배로 새로운 농산물을 만들어내고 있어요. 뉴질랜드 원예연구소는 교배를 통한 돌연변이 유도로 다양한 크기의 형형색색 키위와 속이 빨간 사과 등

'희귀 과일'을 만들어서 세계 시장에 활발하게 수출하고 있죠.

문영: 저도 유전자변형식물이 전 세계의 식량 문제를 해결하지는 못할 거라고 생각해요. 같은 생각을 가지지 않았다는 정치적인 이유에서, 가난하다는 경제적 이유에서, 다른 신을 믿는다는 종교적 이유에서 소통하지 못하고 통합하지 못하는 게 더욱 큰 문제라고 생각하거든요. 하나가 되지 못하는 지구가, 각자의 이익을 포기하지 못하는 마음이 가장 큰 장애가 아닐까요?

동수: 유전자변형은 자연과의 자연스런 소통에도 문제가 있어요. 자연의 진화는 천천히 필요와 선택에 의해 이루어지지만 유전자변형은 인류만을 위해 급속도로 이루어지죠. 그러한 부조화가 어떤 상황을 만들지 알 수 없잖아요. 급속한 화석연료 사용이 지구환경을 위협하듯 유전자변형도 생명체에 어떤 영향을 미칠 텐데 그에 대한 준비가 없는 상태에서 함부로 다루어서는 안 되는 것 아닌가요?

인숙: 그렇다고 손 놓고 있으면 인구증가와 고령화 사회로 인한 식량 문제가 해결되는 것은 아니라고 봐요. 나라 살림을 담당하는 입장에서는 충분한 먹을거리를 확보할 원천기술이 중요하고, 이를 위해 끊임없는 연구와 투자가 필요하다고 생각해요. 실수도 있고 잘못도 있을 수 있지만 미리 대비하지 않는다면 더 큰일 아닌가요? 그리고 유용한 기술의 앞선 개발은 요즘 같은 경쟁사회에서는 놓칠 수 없는 일이잖아요. 무엇보다 우수한 기술을 보유한 나라에서 우리 먹을거리를 생산할 품종을 사오는 일만은 최소한으로 줄여야 할 것 같아요. 우리 땅에서 나고 자라는 것들에 대한 유전자 정보와 그를 이용한 기술의 주도권은 우리가 갖고 있어야 한다고 생각해요.

지원: 사람이 행복을 느끼는 건 다른 사람과의 원활한 소통과 성실한 습관에서 비롯된대요. 유전자변형 기술도 식량의 필요, 환경과의 소통을 생각하면서 골고루 나누어 갖는 것의 가치를 느끼고 실천하며 풀어가야 하지 않을까요.

문영: 과학기술 발전의 혜택을 누리며 살아가는 우리는 매순간 진심과 양심이 필요해요. 남을 배려하는 진심과 나만을 위해서가 아닌 모두를 위한 양심 말이에요. 더욱이 과학을 하는 사람은 자연의 진리를 탐구하고 그로부터 얻은 기술을 다루는 사람이니 늘 자신을 경계하는 마음이 필요하죠.

물로 보던 물,
세계는 지금
물과의 전쟁

| 해양심층수, 천연암반수, 알칼리수 등 물도 갖가지 |

지원: 고등학교 때 선생님이 앞으로는 물도 돈 주고 사서 먹는 시대가 올 거라고 해서 '말도 안 돼, 누가 지천에 있는 물을 돈 내고 사서 먹나' 생각한 적이 있어요. 그때는 운동장 수도꼭지에 입을 대고 물을

이제는 물도 사먹어야 하는 물 브랜드의 시대(해양심층수인 '천년동안')

마시기도 하고 가족들이 계곡에 가서 계곡물로 밥도 해먹고 시골 우물물도 의심 없이 떠마시던 때였으니까요. 수돗물을 마실 수 있는 나라가 몇 안 되는 줄은 한참 뒤에나 알게 됐죠. 외국을 여행할 때에는 안내자가 수돗물로는 양치도 하지 말라고 주의를 주더라고요. 여행 내내 호텔에서 설사만 할 거라는 엄포를 놓으면서요.

동수: '물갈이한다'는 말이 있잖아요. 해외에 나가면 생수를 사 먹어도 '물갈이'를 한 번씩 해요. 질적으로 우수한 우리 물도 유명 해외 생수 브랜드처럼 수출하면 좋겠어요. 그러면 어느 나라에 가서도 탈이 나지 않을 텐데……. 우리나라는 양으로나 질로나 물로 축복받은 나라예요.

지원: '물갈이'는 대개 세균, 그중에서도 대장균이나 바이러스, 기생충 때문에 많이 생겨요. 그러니까 주로 더운 지역이나 오염된 지역에서 많이 일어나잖아요. 그런 국가의 생수도 여러 종류가 있으니 그중 하나에서 문제가 생긴 경우도 있었을 거고, 인식 못하지만 그 지역 물로 씻은 그릇이나 얼음도 의심을 좀 해봐야지요. 우리나라에서 수입하는 생수는 아무래도 질을 더욱 따져서 수입할 거라 생각해요. 적어도 우리나라는 물이 좋기로 이름난 나라 중 하나니까요.

인숙: 그런데 우리나라도 '물 부족 국가'예요. 대부분의 사람들이 크게 부족함을 느끼지 않지만요. 그래서 그런지 물 아껴 쓰기의 필요성은 이해하면서도 실제 생활에서의 실천은 제대로 이루어지지 않아요.

상수도 보급이 늘어나면서 예전에 비해 쓸 수 있는 물이 가까이 있기 때문일 거예요. 당장 우물이 마르는 것으로 가뭄을 체감했던 시대와는 달리 댐의 수위가 낮아지거나 농작물이 말라가는 현상을 보면서도 대다수 도시민들은 절약의 필

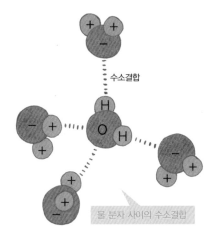

수소결합

물 분자 사이의 수소결합

요성을 절감하지 못해요. 심지어 상수도에서 공급하는 물을 불신하고 먹는 물에 많은 돈을 투자하기도 하고요. 판매하는 생수의 종류도 해양심층수, 천연암반수, 화산암반수, 알칼리수…… 등 정말 다양하죠.

문영: 요즘은 좋은 물을 마시기 위해 정수기를 설치한 집이 많잖아요. 정수기 점유율 1, 2위를 다투는 회사들의 정수방법은 역삼투압 방식이에요. 정수기 후발업계는 역삼투압 방식의 물이 실험실의 증류수 같은 물이라 미네랄 같은 좋은 성분까지 걸러낸다고 말하더라고요. 게다가 마실 수 있는 물 한 컵을 얻기 위해 두 컵 이상의 물을 버리니 효율적인 물 정수 방법이 아닌 점도 강조하고요. 하지만 역삼투압 방식을 고집하는 회사들은 물속의 미네랄이 모두 영양성분은 아니라고 반박하고 있어요. 누구 말을 믿어야 할지……. 과학자들은 유해성분은 없지만 적당량의 미네랄과 용존산소가 있고 약알칼리성을 가진 물이 좋은 물이라고 하더군요.

지원: '좋은' 물을 '잘~' 마시려면, 식사 전후 30분은 피해라, 끓인 물

보다는 미네랄이 포함된 생수가 좋다, 하루에 2리터 정도는 마셔라, 한 번에 벌컥벌컥 미시지 밀고 천천히 마셔라…… 알아야 할 것이 많더라고요. 뭣보다도 차를 마시는 것은 수분 보충에는 도움이 안 된다고 하네요. 카페인 성분의 차는 오히려 두 배의 수분을 보충해줘야 하고요.

동수: 좋은 물을 고르는 것도, 잘 마시는 것도 중요하네요. 만년 2등에 머물던 맥주 회사가 천연암반수를 사용하며 '물 마케팅'에 성공해 점유율 1위가 된 것만 봐도, 소비자들이 상품의 원료가 되는 물을 얼마나 중요하게 생각하는지 알 수 있어요. 하지만 반대로 암반수를 사용한다던 소주 회사가 수돗물을 사용해 문제가 된 적도 있었죠. 중요한 것은 물맛이 아니라 신뢰겠지요.

| 물이 70퍼센트인 지구, 그러나 목마른 지구 |

물이 오염된 개발도상국과 제3국 사람들을 위한 휴대용 정수기 라이프 스트로우(Life Straw)로 물을 먹는 아프리카 어린이

문영: 길고 큰 호수를 가진 아프리카 말라위라는 나라에 대한 다큐멘터리를 본 적이 있어요. 인간은 물론이고, 수많은 동물들도 호수의 물에 의존해 살고 있죠. 그런데 이상기후로 건기가 길어지면서 사람도 사람이지만, 야생동물들이 강 하구까지 내려와 마을을 들락거리며 살기 위해 몸부림

치는 모습을 보니 가슴이 '짠' 하더라고요. 생명의 탄생지인 바다를 버리고 육지를 선택한 진화의 방향이 가장 어리석은 선택이었다고 말하는 사람도 있던데, 물 때문에 생사를 오가는 동물들의 모습을 보니 그 말이 실감나더군요.

지원 : 요즘 아프리카에 우물을 만들어주는 프로그램을 보면서 어른들도 먹을 수 없는 물을 아이들에게 먹이고, 씻어선 안 되는 물로 씻어 병들어가는 모습을 보니 엄마로서 여간 맘이 아픈 게 아니에요. 게다가 가축도 농작물도 살아남기 어려우니 미래도 기약할 수가 없죠. 지구온난화의 주범인 국가들은 하루에 500리터씩 물을 사용하는데 10리터의 물도 사용하지 못한 이들이 이런 고통을 겪는다는 것을 어떻게 생각해야 할까요?

인숙 : 저도 그 프로그램을 봤는데 맘이 아팠어요. 하루 대부분의 시간을 먹을 수 있는 물을 구하기 위해 먼 곳까지 오고가는 어린이와 여자들의 모습에 삶의 고단함이 그대로 묻어 있었죠. 더 나은 미래를 위해 배우거나 자신의 능력을 개발할 기회조차 얻지 못하는 아이들을 돕고 싶다는 생각에 전화기를 들게 되더라고요. 내가 흘려버리는 물 한 방울이 얼마나 소중한지 그 순간은 절실했어요.

동수 : 일부에서는 자기 생일에 받을 선물 값을 친구들에게 기부받아 아프리카의 우물을 팔 수 있도록 하거나 다양한 방법으로 나눔을 실천하는 사람들이 있어요. 항상 한쪽만 있는 것이 아니라서 세상이 굴러가는 거 같아요.

지원 : 쓸 수 있는 물이 한정되어 있어서, 지금까지 쓸 수 없다고 생각한 바닷물을 사용하려는 노력들이 계속되고 있어요. 해수를 담수로

만드는 거죠. 중동은 역시 석유 강국이라 석유를 연료로 바닷물을 끓여 담수를 만들기도 했지만 지금은 역삼투압 방법을 많이 써요. 나노복합분리막 같은 필터를 쓰면 불순물이나 박테리아, 바이러스는 걸러내고 유용한 미네랄은 통과시키면서 대용량의 물도 처리할 수 있다네요.

문영: 지구 전체 물의 97퍼센트 이상을 차지하는 바닷물을 담수로 만들 수 있다면, 물 문제에 대한 걱정을 덜 수 있겠네요. 하지만 현재의 기술 수준은 기대만큼은 아닌 것 같아요. 비용 대비 효과의 측면도 그렇고 환경 문제도 그렇고요. 중동처럼 바닷물을 끓여 순수한 물을 얻는 증류식 방법을 사용할 때는 석유로 인해 배출되는 온실가스의 양이 또 다른 문제를 일으키겠죠. 담수 생산 뒤에 버려지는 고농도 소금물이나 독성물질의 문제도 완전히 해결된 상태가 아니고요.

인숙: 지금의 해수 담수화 기술은 휴대용 담수화 장치를 만들 수 있다는군요. 이 장치는 컴퓨터 정도의 크기로 휴대가 가능하고 라디오를 켜는 구동력 정도를 이용해 4~5분 만에 1리터의 물을 생산할 수 있

오스트레일리아 퍼스에 건설하고 있는 해수담수화 공장

대요. 이러한 휴대장치는 바다를 항해하거나 긴급 재난을 만났을 때 유용하게 쓰이겠죠?

지원: 담수화 장치도 휴대용이 있군요. 정수기가 휴대용으로 나온 건 본 적이 있어요. 미생물, 박테리아, 기생충을 90퍼센트 이상 걸러낸 다고 하던데 오염된 물 때문에 병을 얻는 아프리카 같은 나라에서는 쓸모가 많겠어요. 그리고 빗물을 이용해 생활용수와 식수 문제를 해결한다면 물부족 국가를 위한 또 다른 대안이 될 거예요. 설비, 비용, 효과적인 측면에서 상당히 효율적이라고 하더군요. 물론 공기의 오염도나 산성도를 잘 따져봐야겠지만 말이죠.

| 블루골드의 시대, 물의 전쟁들 |

문영: 이젠 '블루골드(가격이 매겨진 물)'의 시대라는 말이 실감이 나네요. 우리나라는 물 문제를 상하수도 민영화 방식으로 해결하려고 해요. 개인적으로 생존에 필요한 기본적인 것은 민영화하지 않았으면 좋겠다는 바람이에요. 정부가 기업에게 기대하는 대로 질 좋은 수돗물 공급과 비용 절감 효과가 나타날 수도 있겠지만, 그렇지 않은 경우도 생각해야 해요. 시드니 공항은 민영화하면서 여객과 항공사를 대상으로 요금을 평균 97퍼센트 높였대요. 이용요금이 거의 두 배가 된 셈이에요. 물만큼은 믿을 만한 곳에서 관리하고 공급해야 한다고 생각해요.

동수: 상하수도 관리뿐 아니라 생수 부분의 '전쟁'도 만만치 않아요. 청정 수원, 정수 방법 모두 생수의 질을 결정하는 중요한 요인이죠.

최근에는 이산화염소수 같은 기능수도 인기가 있어요. 염소계 소독제 역할을 하는 친환경소독제라고 할 수 있는데 과일, 야채, 달걀 등을 씻으면 세균을 소독해준다고 해요. 또 정수기 시장도 만만치 않고요. 하지만 수질보다 마케팅에 의존해 구매하는 소비자의 태도도 생각해봐야겠지요.

인숙: 먹는 물에 대한 관심은 건강과 깊은 관계가 있죠. 사람들은 병을 일으키는 물과 병을 예방하고 치유하는 물, 둘 다에 관심이 많아요. 또 미네랄워터에 대한 수요가 늘어나면서 무분별한 지하수 개발을 막고 먹는 물의 수질오염을 줄이려는 많은 규제법령들이 새로 만들어지고 있어요. 하지만 규제가 필요한 물질과 세균은 점점 많아지고 있다고 해요. 물은 내가 더 건강하기 위해서, 내가 더 편리하기 위해서 사용하기보다는 지구 위의 모든 생명을 위해 지속적으로 관리하고 지켜야 할 대상으로 보았으면 좋겠어요.

지원: 관리해야 할 물 중에서 우리가 마시는 생수는 51개 항목으로 된 엄격한 '먹는 샘물 수질 기준'을 반드시 통과해야 해요. 세균이나 중금속, 인체에 해로운 물질이 들어 있어서도 안 되고요. 우리가 물을 통해서 영양 성분이나 산소를 흡수하는 것이 아니라 그저 '물'을 흡수한다는 사실을 기억해야 한다는 어느 과학자의 말이 생각나요. 그

캘리포니아 급수 프로젝트의 일환으로 건설된 오로빌 호수도 말라가고 있는 지금 세계는 수자원확보를 위한 물과의 전쟁을 벌이고 있다.

런 상식(?)을 잊은 소비자의 판단을 흐리게 하기 위해 '최고' 니 '특수 제법' 이니 하는 모호한 표현이 광고에 등장하기도 한다고요. 게다가 질병 치료 효과까지 언급하는 물 광고는 믿지 말아야 함은 물론 처벌 감이라더군요.

동수 : 물은 사람뿐 아니라 식량과 공업에도 깊은 관계가 있어요. 물을 확보하기 위한 전쟁이 곳곳에서 일어나고 있죠. 요르단 강과 나일 강 주위의 국가 간 분쟁이 대표적이라 할 수 있어요. 유량은 줄어드는데 상류에서 자국의 이익을 위해 댐을 건설하려 하니까 충돌을 피할 수 없죠.

지원 : 강줄기를 따라 생기는 국가들 간의 물 전쟁도 대단하지만 거대한 다국적 기업의 상품 리스트에 물이 올라가 있는 것도 물 전쟁을 주도하는 주요 요소예요. 다국적 '물기업' 들이 각 지역 정부에게 물의 공급권과 관리권을 받아 사업을 하고 있는데 이들 기업 간의 전쟁도 물의 전쟁에서 빼놓을 수가 없어요. 이런 시스템이 물을 사 먹는 사람에게도 유익하지만은 않죠. 지구인 모두가 혜택으로 누려야 할 물이 일부 기업의 이윤 대상이 되면서 실제로 뇌물, 수도 요금 인상, 환경 훼손, 수돗물 누수 등 많은 문제가 생겨나고 있어요.

| 물은 이익의 문제가 아니라 공공의 문제 |

동수 : 지구온난화는 계속되고 있는데 인위적으로 뭔가를 바꾸려고 하지 말고 원래대로 복원해서 자연 그대로 물의 순환이 이루어지도록 지켜가는 것이 필요해요. 그래야 인간은 물론이고 생물이 같이 살

수 있죠. 여러 종이 같이 살아가는 것이 결국 인간도 사는 길임을 너무 잘 알고 있잖아요.

문영: 산 속의 맑은 계곡물을 떠 마시고, 우물가에 모여 온 동네 소식을 전하던 시절에 물은 자연이 만인에게 준 혜택이었어요. 새벽 첫 우물물인 정화수를 장독대 위에 놓고 온 가족의 안녕을 빌었던 우리 할머니들에게 그 물은 집안의 어떤 보석보다 더 귀한 정성의 상징이었고요. 그랬던 물을 황금알을 낳는 또 다른 사업대상으로 생각하는 것을 보면 조금은 서글프네요.

지원: 물 문제는 이익으로 볼 것이 아니라 도덕적 관점에서 봐야 해요. 공공의 문제라는 의식이 지구인 모두에게 필요하죠. 버리는 하수 문제에 대한 인식과 노력 없이는 마시는 상수 문제를 이야기할 수 없어요. 물을 물 쓰듯 하면서 내 입에 들어오는 물과 내 자손의 입에 들어갈 물의 질을 주장할 수 없다는 거죠. 소를 잃기 전에 외양간을 갈무리하는 지혜가 필요하네요.

버려진
도시 광산에서 캐는
새로운 희소금속

> 기원전 800년경 그리스의 헤시오도스는 서사시 〈노동과 나날〉에서 황금시대를 그렸다. "신처럼 그들은 행복한 마음으로 살았다네/노동이나 슬픔과 상관없이…… 언제나 활기에 차 있었고 모든 질병에서 자유로워……/비옥한 땅은 아낌없이…… 자신의 과일을 양보했네/평화 가운데 행복에 겨워, 인간들은 모든 욕구를 충족하며 살았다네……." 누가 황금시대를 마다할까? 어찌 보면 우리는 황금시대를 꿈꾸며 열심히 달려가고 있다. 하지만 지금 우리가 황금시대를 만드는 방법에는 자꾸만 의구심이 생긴다. 쓰레기 속에서 자원을 찾아야 하는 시대. 지금 우리는 얼마만큼 행복한가?

| 자원하면 떠오르는 생각들 |

동수 : 자원하면 자원절약이 생각나요. 지하철을 타고 오면서 본 신문지 모으던 할머니도 떠오르고요. 그 할머니는 허리가 굽어서 선반에 키가 닿지 않아 젊은이에게 신문을 내려달라고 부탁을 하더군요. 자

원이 풍요로운 시대지만 누구에게나 허락된 풍요는 아닌 것 같아요. 많은 서민들은 이미 허리띠를 졸라매고 절약하고 있는데, 더~더~ 자원을 절약해야 한다고 외치는 높으신 분들께 얼마나 잘 하시는지 되묻고 싶어져요.

인숙: 자원? 우리 주위에 있는 모든 것이 자원이라고 생각해요. 사람들이 필요에 의해 개발하면 자원이고, 그 상태로 있으면 자연 아닌가요? 자연은 언제든 자원으로 변할 수 있고요. 그래서 존재하는 모든 것을 선점하기 위해 각 나라가 보이지 않는 전쟁을 벌이고 있죠. 가진 것도 지키고 남의 것도 내 것으로 묶어두기 위해 치열한 외교전이 펼쳐지고 있는데, 칠레의 아타카마 염호와 볼리비아의 우유니 호수 개발을 둘러싼 세계 각국의 노력은 가히 전쟁이라 할 만하죠. 사람들의 끝없는 욕심이 위기를 불러온 이 시대에 다시금 '나만 살아남기'라는 똑같은 실수를 하고 있는 것은 아닌지? 정말 같이 살 길은 없는 건지? '함께'라는 아름다운 말을 곱씹게 하는군요.

지원: 신기술로 만든 고부가상품의 주력품에 쓰이는 금속 중 희소금속에 대한 중요성이 부각되고 있는데요, 이 금속들은 우리 몸속의 비타민과 비슷하단 생각이 들어요. 컴퓨터, 2차 전지, 자동차, 첨단 의료기기, 첨단 무기 등 첨단 전자제품 속에 아주 조금씩 들어가는데 이것이 없을 경우 제품의 질이 현저히 떨어진다는군요. 희소금속이야말로 지금 시대에 꼭 필요한 자원이 아닐까요?

문영: 예전에는 물이나 공기 같은 것은 자원이 아니라고 배웠잖아요? 하지만 요즘은 깨끗한 공기를 마시기 위해 일부러 시외로 나가야 하고, 깨끗한 물을 마시기 위해 정수기를 설치해야 하니, 시간이 갈수

록 필요한 자원으로 분류되는 종류가 점점 많아져서 자원에서 해방
되는 것이 아니라 더 의존하고 있다는 생각이 들어요.

| 세계는 금속자원 전쟁 중 |

동수: 우리가 자원에 대해 얘기를 나누자고 한 건 '자원전쟁'이라는 자
극적인 문구 때문이었잖아요? 정말 전쟁이란 말을 붙일 정도로 치열
한 수준인지 알아보려는 호기심도 있었고요. 어떻게 생각하세요?

문영: 전쟁이란 말이 적합한지는 잘 모르겠지만 큰 자원회사들이 인수
합병으로 몸집을 불리면서 힘을 키우는 바람에 자원을 사려는 입장
에서는 더 힘들게 됐더라고요. 새로운 광산의 탐사는 어려운 일이고
항상 실패할 위험이 있죠. 그래서 큰 회사들이 채굴하고 있는 매장

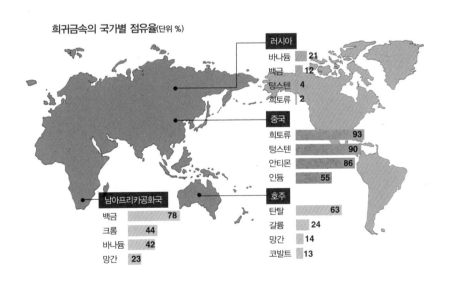

희귀금속의 국가별 점유율(단위 %)

러시아
바나듐 21
백금 12
텅스텐 4
희토류 2

중국
희토류 93
텅스텐 90
안티몬 86
인듐 55

남아프리카공화국
백금 78
크롬 44
바나듐 42
망간 23

호주
탄탈 63
갈륨 24
망간 14
코발트 13

지를 인수해 불확실성을 줄이면서 독점적인 구조가 만들어졌대요. 철광석 쪽은 CVRD, 리오 틴토, BHP빌리턴이란 세 회사가 가격 상승을 이끈다고 하네요. 이 기업들이 일주일만 공급을 중단해도 세계 경제가 타격을 입는다고 하니 자원 회사들의 독점이 자원전쟁의 한 요인이라고 해도 무방할 것 같아요.

지원: 또 하나는 인도와 중국의 수요 증가죠. 중국의 수요가 계속 증가할 것인가에 대해 투자회사들은 회의적이라고 하지만, BHP빌리턴이라는 자원회사의 한 이사는 중국이 선진국 수준으로 살기를 원하는 한, 자원 수요는 증가할 수밖에 없다고 확신했다는군요. 이런 사태를 보니, 실제로는 '은'을 얻기 위해서였지만 영국이 '대중국 무역항을 확대한다'는 명분을 앞세워 일으켰던 아편전쟁이 떠오르네요.

인숙: 자원의 보고인 아프리카도요. 편리함을 추구하는 사람의 기술은 태고의 신비를 간직하고 있는 아프리카까지 실리를 추구하는 문명국으로 변화시키고 있어요. 목적을 위해 베푸는 선진국의 친절이 그들을 일깨운 거죠. 부족하지만 가진 것을 나눌 줄 알았던 그들의 미소가 중국과의 협상 테이블에서는 무뚝뚝한 악수로 바뀌었다고 해요. 이러한 사람들의 생각변화가 전쟁이 아닐까요? 이방인을 환영하고 가진 것을 나누어 대접했던 그들의 따뜻한 포옹이 그립네요. 사람이라는 이유만으로도 서로를 존중하고 정을 나누는 '프리 허그'의 필요성도 이해되고요.

동수: 남미와 러시아 등 자원 보유국들이 수출을 중단하는 방법으로 가격을 올리려고 한다는 기사를 봤어요. 결국 자원을 무기화하는 거죠. 자기 민족만 살아남아야 한다고 감정에 호소하는 민족주의가 다

시 팽배하는 것은 아닌지 걱정이 되더라고요.

문영: 채굴량이 증가하면서 예전에는 버렸던 오일샌드를 사용하는 것처럼 기존 품질보다 떨어지는 광석까지 채굴하는 추세가 자원에 대한 불안감을 부채질하고 있다고 하네요. 서로 선점하려는 분위기가 거품을 만들어 가격을 올리고요. 이런 상황이 많은 나라들을 초조하게 만들고 있어요.

금속자원 어디에 쓰일까

인숙: 한정된 금속자원에 대한 사람들의 과도한 관심이 오늘날의 문제만은 아니에요. 고대 연금술은 금을 가지려는 사람들의 욕구가 만들어낸 환상이잖아요? 거기에서 오늘날의 과학기술이 시작되었고요.

문영: 인간의 역사에서 빼놓을 수 없는 것이 금이잖아요. 금은 화학적으로 안정하고, 다른 원소와 거의 반응하지 않아요. 그래서 반도체 회로나 전기제품끼리의 접촉부위에 금도금을 하면 표면 산화를 막아주고 접촉 안정성도 유지해줘요. 접촉저항이 낮아지니 신호나 전류의 손실을 막아주고요. 그래서 반도체가 들어 있는 제품에 조금씩 쓰이는데 우리 필수품인 핸드폰과 컴퓨터에도 금이 들어 있죠.

동수: 에너지 자원인 우라늄은 지각 속에 존재하는 양도 적지만 화합물을 환원시켜서 금속으로 만들기도 어렵죠. 천연 우라늄은 원자량이 238인데, 공업적으로 유용한 우라늄은 원자량 235짜리예요. 자연계에는 0.7퍼센트밖에 존재하지 않아서 우라늄 농축을 통해 238짜리를 235로 만들죠. 확인된 바는 없지만 우라늄 최대 보유국이 북

희토류의 종류와 용도

구분	원소	원소기호	원자번호	용도
경(輕) 희토	란탄	La	57	광학용 유리, 세라믹 콘덴서, 촉매, 발열체, 초전도재
	세륨	Ce	58	유리소색제, 촉매, 과학유리, 영구자석
	프라세오디뮴	Pr	59	안료, 영구자석, 촉매
	네오디뮴	Nd	60	유리용 첨가제, 세라믹 콘덴서, 영구자석, 레이저
중(中) 희토	프로메튬	Pm	61	광학유리
	사마륨	Sm	62	세라믹 콘덴서, 촉매, 영구자석
	유로퓸	Eu	63	적색형광체, 원자로 제어제
	가돌리늄	Gd	64	원자로 제어제, 광자기 기록, 자기냉동
중(重) 희토	테르븀	Tb	65	고연색성 램프, 광자기 기록
	디스프로슘	Dy	66	영구자석, 자기냉동
	홀뮴	Ho	67	안료, 레이저
	에르븀	Er	68	광학유리, 반도체
	툴륨	Tm	69	크리스털 제조, 레이저
	이테르븀	Yb	70	촉매, 광학유리
	루테튬	Lu	71	크리스털 제조, 레이저
비(非) 란탄계	스칸듐	Sc	21	크리스털 제조, 레이저, 세라믹
	이트륨	Y	39	적색형광체, 광학유리, 지르코니아, 레이저, 내열합금, 세라믹, 원자로

한이라는 말이 있어요. 자원이 없는 우리나라 입장에서는 빨리 통일이 돼서 자원을 공유하면 좋겠다는 생각도 드네요.

지원: 스칸듐, 이트륨과 원자번호 57번부터 71번까지의 원소를 합쳐 지칭하는 희토류 금속을 보면서 자원이 진짜 무기구나 하는 생각을 해요. 희토류 금속은 차세대 수소저장합금을 이용한 2차 전지, 고온 초전도계, 고체 전해질 연료전지, LED, 태양광전지, 휴대폰 등 사용되지 않는 곳이 없을 정도에요. 특히 지구온난화를 막기 위해 필요한 기술에는 거의 다 사용된다고 볼 수 있죠. 우리나라는 필요량의 91퍼센트를 수입에 의존한다고 하니 왜 정부가 준전략 광물로 정했는지 알겠더라고요. 희토류 금속의 최대 보유국이 중국이라고 하더군요.

인숙: 리튬은 세계 주가를 오르락내리락하게 하는 원소라고 할 수 있어요. 핸드폰과 노트북 배터리로 리튬전지가 많이 쓰이기 때문이죠. 이 리튬전지가 기후변화에 따른 이산화탄소 감축문제로 전기자동차의 완성이 시급해지면서 다시 주목을 받고 있어요. 기존 전지보다 에너지 밀도가 세 배나 높고 가볍다고 하는데, 관심을 갖고 알아봤더니 양극에 있던 리튬이 음극인 탄소 쪽으로 이동하면 충전이 되고, 반대면 방전이 되는 산화-환원 반응을 이용한 화학전지더군요.

끊임없는 개발이 행복을 향한 지름길일까

지원: 결국 새로운 기술을 탑재한 제품들과 중국, 인도 등의 큰 수요 때문에 '자원전쟁'이란 말이 생겼다는 거네요. 새로운 기술로 편리한 사회가 되었지만 편리한 만큼 자원이 고갈되면 어쩌나 불안해하면서 살고 있는 느낌이에요. 지구 자원이 다 떨어지면 영화 〈아바타〉에서처럼 다른 행성의 자원으로 눈을 돌려야 하나 왠지 한숨이 나오네요.

동수: 애들 학교에서 폐 휴대폰을 수거한다며 가져오라고 한 적이 있어

도시에 버려진 컴퓨터와 휴대폰은 희귀광물 자원의 보고

요. 환경오염 때문이라고 생각했는데 폐 휴대폰에서 재활용할 수 있는 광물자원을 뽑아낸다고 하더군요. 아파트 복도에도 '폐 휴대폰을 모아 고릴라를 살리자'는 홍보지가 붙어 있었는데, 콜탄의 매장량이 많은 콩고 지역의 무분별한 개발로 고릴라가 살 영역이 없어진다는 내용이었어요. 매스컴에서도 도시 광산에 대한 이야기를 많이 하던데, 금의 경우 암석 1톤당 평균적으로 25밀리그램이 들어 있고 100그램 이상이면 꽤 괜찮은 광산이래요. 1톤의 폐 휴대폰을 재활용하면 금 400그램을 얻을 수 있다고 하니 충분히 수익성 있는 광산이죠.

문영: 광산에서 필요한 금속을 채굴하기 위해서는 엄청난 에너지가 소모된대요. 우리나라 제철소를 생각해보면 쉽게 추측할 수 있어요. 철광석을 다른 나라에서 우리나라까지 옮겨야 하고, 뜨거운 용광로를 거쳐야 하고요. 《에너지 디자인》(바츨라프 스밀)이란 책을 읽었는데, 에너지를 적절량 이상 사용하는 것을 서로 자제하면 좋겠다는 결론이었어요. 스밀은 에너지 사용량과 유아 사망률, 여성의 평균수명을 살펴, 에너지를 더 많이 사용해도 더 이상 유아 사망률이 낮아지지 않고, 여성의 평균수명이 늘지 않는 시점을 적절한 삶의 질을 유지할 수 있는 적절한 에너지 사용량으로 봤어요. 그의 의견에 100퍼센트 공감해요.

인숙: 삶의 질에 대한 사람들의 생각 변화가 필요하다는 말이네요. 기술 발전에 의존하는 편리함이 행복한 삶인가 생각해보면 꼭 그렇지만은 않죠. 기술에 의존할수록 땀 흘려 일하는 기쁨, 자연이 주는 어려움을 극복하고 적응하면서 나누는 교감은 멀어진다고 생각해요. 홍수의 범람을 비옥한 토지에 이용하기 위해 달력을 만들었던 사람

들의 지혜에서 바다를 메우는 지금의 기술까지 삶을 사는 방법과 가치를 다시 한 번 생각하게 하네요.

동수: 기술의 발전이 오히려 소외감을 주는 면도 있어요. 끊임없이 새로운 전자제품이 나와 유혹을 하고 그 제품을 사지 못하면 시대에 뒤떨어지는 느낌도 들고, 심지어 어떤 물건을 갖고 있다는 게 사회적 계층을 표시하기도 하죠. 보이지 않는 계급사회에 살고 있는 듯한 느낌도 들어요. 희귀자원으로 무장한 첨단 과학기술을 향유할 수 있는 재력이 있느냐를 기준으로 나누어진 계급 말이에요.

지원: 저에게는 자연과 벗하는 즐거움이 무척 커요. 하지만 전원생활을 하고 싶진 않아요. 그저 전원생활을 하는 친구와 친하게 지내고 자주 놀러가고 싶을 뿐이죠. 자연과 함께하는 기쁨이 큰 것도 사실이지만 도시의 편리함을 포기할 수가 없거든요. 무조건 에너지를 덜 쓰는 시골 생활이 바람직하다고도 생각하지 않아요. 적정한 에너지 소비가 필요한 거죠. 물론 그 '적정'이라는 게 지극히 주관적인 거지만요.

문영: 욕망의 추구는 끝이 없을 거란 생각이 들어요. 어떤 상황이건 중도를 지키는 것이 좋겠죠. 우리 아이들 교육도 많은 경험을 통해 삶의 지혜와 인생의 의미를 스스로 체득할 수 있고, 스스로 선택할 기회를 많이 가짐과 동시에 책임도 지면서 큰 실수를 줄이는 방법을 배우고, 중도를 지킬 수 있게 자신을 조절할 수 있는 능력을 배우는 시스템이면 더없이 좋겠다는 생각을 하게 되네요.

인숙: 행복의 기준은 사람마다 다르겠지만 함께 어우러지고 서로 인정한다면 활기찬 하나의 지구를 만들 수 있지 않을까요? 사람들이 원

하고 바랐던 이상적인 '황금시대'는 우리의 마음을 모으는 데서부터 시작해야겠죠.

현대사회에 쌓이는
신종 폐기물들을
어떻게 할 것인가

끊임없이 새로워지는 과학기술 덕분에 인간의 평균 수명은 지난 몇십 년 사이에 거의 1.5배 이상으로 길어졌다. 걷기 싫으면 자동차를 타면 되고, 누군가 보고 싶으면 아무리 멀리 있어도 번호 몇 개만 누르면 된다. 지구 건너편 소식에 대해 세계인들이 각자의 집에 앉아 의견을 나눌 수도 있다. 모든 것이 빛의 속도로 발전해 가는 과학기술 덕분이다. 하지만 과학기술 발전은 새로운 종류의 더 많은, 더 질 나쁜 폐기물들을 양산하게 되었다. 이제 우리는 과학기술의 혜택과 쓰레기를 동시에 안게 되었다. 이 혜택과 쓰레기를 어떻게 감당하면 좋을까.

| 슬러지, 슬래그, 핵폐기물…… |

지원: 2010년 10월, 인근의 알루미늄 공장에서 모아두던 슬러지 저수
    조가 무너져 막대한 피해를 본 헝가리 데베체르 마을의 이야기를 봤
    어요. 정말 끔찍하더군요. 단 2~3분 사이에 찐득찐득한 슬러지가

집과 세간을 덮친 것은 물론이고, 농업이 주업이던 마을의 농토를 초토화시켰어요. 게다가 이 슬러시는 강알칼리성 물질이라 주변의 강을 오염시킨 것은 물론이고, 사람들이 죽거나 다치기까지 했죠. 그런데도 10여 일 뒤에 다시 공장을 가동시켰다네요. 알루미늄 생산이 그렇게 급했을까요? 뭘 얻는 데는 물불 안 가리는데, 얻고 난 뒤의 뒤처리에 대해서는 모두들 너무 둔감한 것 같아요.

문영: 뒤처리에 둔감하다는 데 완전 공감해요! 나만 해도 화장실이나 싱크대의 하수가 어떻게 처리되는지 평소에는 별 관심이 없어요. 그저 편히 사용하고 그 다음은 정부나 지자체가 알아서 해줄 거라고 믿죠. 혹시 사고라도 나면 내가 낸 세금을 들먹거리면서 당당해 하고요. 한 번만 더 생각해보면, 지구라는 한정된 공간에 갇혀 있는 오염물질이 언젠가 나에게 돌아올 것이 뻔한데 당장 나에게 피해를 주지 않는다는 이유로 자꾸 소홀해지죠. 슬러지는 보통 바다에 매립했는

2010년 10월 헝가리 알루미늄 공장의 슬러지 저수조가 무너져 죽음의 땅으로 변한 데베체르 마을

데, 바다와 어패류의 오염 가능성이 높아져 2012년부터는 슬러지 해
양투기를 완전히 중지한다고 하네요.

인숙: 바다도 육지와 같은 생태계인데 속이 보이지 않는다고 슬러지를
버리는 장소로 택했다는 것 자체가 문제였어요. 슬러지를 어떻게 처
리하느냐도 중요하지만 슬러지를 비롯해 문명생활이 남긴 폐기물을
줄이려는 노력도 더 구체적으로 이루어져야 할 것 같아요. 절약과
재활용으로 매립할 쓰레기를 줄이고 폐기물 처리기술을 발전시켜
한 움큼이라도 줄이려는 노력이 더 필요하죠. 그런 의미에서 생산자
가 폐기물 회수와 처리에 드는 비용을 미리 예치하고 회수 뒤에 찾아
가는 폐기물예치금제도도 있고, 이를 보완하는 방법도 시행하고 있
다고 해요. 재활용이 가능한 폐기물의 일정량 이상을 재활용하도록
생산자에게 의무를 부여한 생산자책임재활용제는 폐기물을 줄이는
적극적인 방법이라 할 수 있죠.

지원: 폐기물을 줄이는 것이 정말 중요하죠. 그리고 이미 만들어진 슬
러지를 잘 건조해 연료로 사용하거나 매립장 같은 곳에 쓰이는 복토
재로 사용하거나 퇴비로 사용하려는 노력도 계속하고 있어요. 슬러
지를 또 다른 자원으로 만드는 거죠.

동수: 슬러지는 어떤 공정을 통해 나왔는가에 따라 그 성분이 정말 많

담장이나 보도블록으로 활용되는 슬러지 벽돌

이 다를 거예요. 아까 말했던 헝가리의 경우는 강한 알칼리성이고 중금속과 방사능까지 검출되어 피해가 더 컸던 거죠. 아무리 적법한 처리공정을 거쳤다고 하더라도 그런 위험 성분까지 해결됐는지는 꼼꼼히 따져 봐야 할 문제라고 생각해요. 그것 때문에 해양투기도 중지하게 된 거잖아요.

지원: 환경적으로나 인간생활을 위해서나, 과학기술이 발달하면서 생기는 폐기물들을 적정하게 처리하는 건 아주 중요해요. 슬러지뿐 아니라 철강을 뽑고 나오는 찌꺼기인 슬래그 처리도 말이 많았죠. 이 슬래그에도 중금속이 함유돼 있어 처리가 어려워요. 예전에는 무단 투기가 비일비재했고 여러 가지 이해관계 때문에 애초에 처리 능력이 모자란 업체를 선정하기도 해서 정치적 문제로까지 번진 적이 있었어요.

인숙: 슬래그는 시멘트로도 이용되고 슬래그 벽돌과 섬유, 기와까지 만들어져 경제적인 건축자재로 사용되죠. 이러한 광석 찌꺼기의 활용이 인체에 어떤 영향을 끼치는가에 대해서는 의견이 분분하지만 실제로는 다양한 분야에 퍼져 있어요. 현대 산업사회는 반도체 기기의 발전으로 필요로 하는 금속이 많아졌어요. 그 때문에 배출되는 찌꺼기도 많아지고 그에 따른 폐해도 커질 수밖에 없죠. 이러한 폐해를 문명생활의 후유증으로 계속 안고 가야만 하는지는 생각해볼

필요가 있어요.

문영: 폐해를 논해야 하는 폐기물 하면 역시 빼놓을 수 없는 것이 핵폐기물을 포함한 방사능 폐기물이죠. 핵 발전은 안전성 논란에도 불구하고 지구온난화를 해결하는 현실적인 대안이라는 의견이 많았어요. 신재생 에너지가 아직은 먼 곳에 있는 상태에서, 전기는 열심히 쓰면서 핵발전소를 거부하는 것이 이치에 맞는 일인가 하는 생각도 했죠. 하지만 일본의 핵발전소 붕괴로 생기는 문제에 직면하니 신재생 에너지 기술에 더욱 박차를 가해야 할 필요성을 절실히 느끼게 돼요. 이미 20기의 핵발전소로 전체 전력의 40퍼센트 정도를 얻는 우리나라에서는 핵폐기물도 무척 중요한 문제죠. 80기의 원전을 수출하는 데만 몰두할 게 아니라 그 뒤처리에도 그만큼의 관심을 가져야 해요.

동수: 핵연료 같은 고준위 핵폐기물은 2016년이나 2018년이면 저장할 시설이 꽉 찬다는데 뭔가 더 확실한 대책이 필요해요. 건설비용이 많이 들어도 스웨덴처럼 화강암이 발달한 지하 속 암반에 묻어 사람

지하에 쌓여 있는 핵폐기물

들의 생활공간과 완전히 격리된 장소를 마련하는 것이 좋은 경우죠. 하지만 이렇게 지구를 쓰레기 더미로 만들고 나면 그 위에 살아야 할 후손들이 걱정되기는 해요. 지각을 이루고 있는 암석이 무엇인지가 아니라 어떤 쓰레기인가 하는 과학시험문제가 출제되는 날이 오지는 않을까 하는 끔찍한 상상을 하게 되네요.

지원: 이런 모든 폐기물이 우리가 쓰고 남은 것들인데 처리는 정부가, 기업이, 지자체가 할 거라고 안심하고 있는 우리가 부끄럽기도 해요. 절약해야 하고 제대로 분리배출해서 재활용이 가능하게 해야 하는 건 알고 있는데 매번 생각대로 실천하는 게 쉽진 않네요. 게다가 폐기물 처리에 대한 문제까지 경제적·정치적 이해가 얽혀 있다니 '적절히' 진행되도록 현명한 감시자의 역할도 소홀히 하면 안 되겠어요.

| 지속가능한 폐기물 정화, 그 정답은 뭘까 |

인숙: 사람들에게 편리한 문명의 이기들은 자연이 스스로 정화하기엔 무리한 양의 쓰레기를 배출하고 있죠. 그래서 사람들은 과학의 힘을 빌려 자연정화 시스템에 관여해요. 예를 들면 생활하수나 폐수는 희석과 여과를 통해 정수하고, 침전된 슬러지는 미생물에 의해 한 번 더 걸러주게 되죠. 결국 남는 슬러지를 줄이려면 미생물을 이용한 정화의 효율을 높일 필요가 있어요.

동수: 미래에는 많은 해답을 미생물에서 찾으려고 하는 게 대세인 것 같아요. 하지만 미생물이 도깨비 방망이 역할을 해줄까요? 마음대로

아줌마들의 과학수다

조작하고 통제하려다보면 변종이나 의도되지 않았던 문제가 발생할 수도 있을 거고요. 유행처럼 미생물 연구에만 집중하지 말고 다른 대안들도 함께 찾았으면 해요.

문영: 〈쥐라기 공원〉, 〈괴물〉 같은 영화를 너무 많이 본 때문일까요? 미생물이 의도대로 움직이지 않을 것 같아 걱정이 되네요. 하지만 다른 뾰족한 대안이 없으니 무조건 거부할 수도 없을 것 같아요. 어떻게 이용할 것인지 위험은 없는지 시민들의 공감을 얻고, 대비책을 의논하는 과정이 꼭 필요하겠네요.

지원: 지구를 살리기 위해 환경을 살려야 한다는 붐이 일고 있는데 이런 폐기물들은 하나같이 지구환경에 좋지 않은 영향을 줄 뿐이에요. 인간들이 만들어놓은 폐해니까 인간들이 해결을 해야 할 텐데 그런 의식이 부족해 보여 영 걱정스러워요.

| 과학기술이 우리에게 준 혜택, 그리고 변화들 |

문영: 과학기술 때문에 생겨난 더 많은, 더 질 나쁜 폐기물 이야기를 주로 했지만 실제로는 과학기술로 얻은 혜택이 더 크다고 생각해요. 의학기술로 생명이 길어졌고, 생명공학기술로 곡물 생산량이 늘었죠. 컴퓨터를 포함한 정보통신 기술은 우리의 생활 패턴을 편리하게 바꾸었고요. 그 패턴의 변화가 너무 급격해 따라가는 데 부담이 느껴질 정도로요. 어떤 과학자는 우리가 과학기술을 버리고 당장 자연으로 돌아가면 현재 인구의 10분의 1도 생존이 어렵다고 하더군요. 충분히 공감할 만한 얘기예요.

동수: 요즘 과학기술은 과학자의 시각이나 역량만으로 발전하기는 어렵다는 생각을 해요. 연구할 과제를 선정하는 일부터 정치나 경제의 흐름과 맞물려 있고, 패션처럼 과학에도 유행이 있어서 남들 하는 대로 흘러가야 유능한 과학자로 인정받고 지원도 많이 받게 되는 것 같아 우려가 돼요. 균형이 중요하다는 것을 잊지 말았으면 하는데요.

인숙: 과학기술에 의해 생산된 물건만을 소비하는 대중이 아니라 기술의 가치와 윤리도 따질 줄 아는 적극적인 대중의 자세가 필요해요. 과학을 생활 속에서 얘기하고 즐기는 문화로 받아들인다면 누군가에 의해 의도된 방향에 휩쓸리지 않고 스스로 올바른 선택을 할 수 있겠죠.

문영: 예전에는 과학기술을 무조건 좋은 것, 생활에 큰 도움을 주는 것으로 봤다면 이제는 과학기술 역시 지불할 것이 있다는 점을 아는 단계라고 생각해요. 그래서 무조건적으로 꼭 해야 하는 것이 아니라 선택의 문제로 보기 시작한 거죠. 그런데 그건 소비자의 입장이고, 국가나 조직의 경쟁력 같은 걸 생각하는 사람들한테 과학기술 발전은 꼭 이루어야 하는 거죠. 그런 입장 차이가 더 커지고 있다는 생각이 들어요. 그래서 과학기술 정책을 만들 때부터 소비자의 입장을 들어보자는 목소리가 나오는 거겠죠. 거액을 들여 기술을 개발해도 소비자가 외면하면 손실이 클 테니까요.

동수: 청소년들은 기성세대와는 조금은 다른 것 같아요. 지식과 정보를 습득하는 게 너무 빠르죠. 아직은 순수함과 열정이 많아서인지 종합적으로 사고해서 판단하기보다는 그 지식과 정보를 자기 방식으로, 때론 제공자의 의도대로 해석하고는 몰이를 형성하죠. 게다가 요

즘은 정보의 소통을 빠르게 할 수 있는 시스템이 워낙 잘되어 있어서 청소년이 가담하면서 더욱 큰 흐름을 형성하는 경우도 많은 듯해요.

지원: 요즘은 사회활동이나 봉사활동에 참여하는 것도 대학에 입학하기 위한 '스펙'이 되기 때문에 청소년들의 활동이 다양해지기도 하는 것 같아요. 몸으로 뛰는 활동도 많이 하지만 인터넷을 통한 활동도 많이 하죠. 또 그런 것들은 증거가 뚜렷이 남아서 대학에 제출하기 좋으니 그런 장점도 무시하지 못할 거라 생각해요.

동수: 스펙을 쌓기 위한 지식 위주의 교육보다는 현명함을 가질 수 있는 교육을 해야겠지요. 소비자들도 기업의 의도대로 움직이는 집단이 아니라 의사를 적극 반영하고 소비 흐름을 주도하는 입장이 되어야 하니까요.

지원: 기업이나 과학자들이 '안전하다'고 말하는 것도 소비자는 따져보고 두드려봐야 한다는 거죠? 확실히 그런 의식은 교육에서부터 시작되어야 하는데, 우리 때와는 달리 아이들 사이에서는 서서히 형성되는 것 같아요. 아직은 성숙되지 않은 미완이라 걱정되는 면도 많지만요.

문영: 제일 황당한 경우는 같은 대상을 가지고 다른 말을 할 때예요. 감기에 항생제를 쓰지 않는 것이 좋다고 했다가, 충분히 먹어서 병이 재발하지 않도록 하는 게 좋다고 하면 참 헷갈려요. 등 푸른 생선이 몸에 좋은데 수은 함유량이 높으니 자주 먹지 말라는 말은 참 애매하고요. 2010년 가을, '서울시와 낙지머리' 사건(?)도 비슷한 경우 아닌가요. 요즘은 정말 지혜로운 소비를 하기가 힘들다니까요.

인숙: 한 회사의 광고 문구를 보니 자신의 생각을 행동에 옮기는 'do'

가 창의력이라고 하더군요. 앞으로는 자신의 목소리로 세상을 살아갈 창의적 실천이 가장 필요할 것 같아요. 올바른 목소리를 갖기 위해선 끊임없이 배우고 생각을 풀어내는 노력이 필요하고요. 나이가 들수록 평생공부를 깨닫게 되니 삶이 녹록치 않다는 생각이 드는군요.

| 행복을 주는 '따뜻한 과학'을 소망하며 |

동수: 지식은 넓고 깊지만 사람냄새를 풍길 줄도 맡을 줄도 모른다면 세상은 삭막해질 것 같아요. 많은 지식을 갖는 것도 좋지만 땀과 노력으로 얻은 값진 경험을 통해 지혜를 갖는 것이 더 필요하지 않을까요? 일방적으로 자신의 생각만 전달하기에 편리한 문자나 이메일에 익숙한 아이들이 사람과 소통하고 부대끼며 얻는 경험의 소중함을 꼭 알았으면 하는 바람을 갖게 되네요.

지원: 과학기술이 많이 발달해서 우리 생활이 편리해진 것은 사실이에요. 그러나 더 행복해졌다고 말하긴 어렵네요. 편리하다고 행복한 것은 아니라는 거죠.

인숙: 태블릿 PC를 이용해 80세에 새로운 언어를 배우고 시를 창작하는 열정을 행동에 옮길 수 있는 것도 과학기술의 발달이지만, 아이들에게 자연에서 뛰노는 기쁨과 친구들과 함께하는 즐거움을 빼앗은 것도 과학기술의 발전 때문인 것 같아요. 빠른 변화는 사람들을 혼란스럽게 하지만 선택은 우리 몫이겠죠.

문영: 가끔 과학기술이 소비를 부추기는 사회를 만드는 건 아닐까 생각해요. 심하게 폄하해서 말하면 자본주의의 가장 충실한 들러리 같

아줌마들의
과학수다

다고나 할까요. 과학을 좋아하는 사람의 입장에서 보면 참 속상해
요. 과학의 목적은 어디로 갔는지 찾기 힘들고, 효율과 이익의 도구
가 된 것 같아서요. 기초과학이나 과학철학을 중요하게 생각하지 않
는 분위기 때문에 이렇게 되었나 싶기도 하네요. 기술이 더 발전할
수록 따뜻한 과학으로 와 닿으면 좋겠어요.

동수: 과학기술이 빨리 발전하다보니 10년마다 나던 세대차이가 지금
은 1~2년마다 난다고 해요. 가치관과 문화의 변화가 그만큼 빨라진
거죠. 과학의 혜택으로 풍요로워진 시대는 가고, 지금은 과학을 어
떻게 사용하는가가 더 중요한 문제인 것 같아요. 행복하기 위한 과
학! 그 안의 주체가 인간임을 잊지 말았으면 좋겠어요.

$\sqrt{x^2} = |x| = \begin{cases} x & (x \geq 0) \\ -x & (x < 0) \end{cases}$

$x^m \cdot x^n = x^{m+n}$

$x^{-n} = \dfrac{1}{x^n}$

$x^0 = 1 \quad (x \neq 0)$

$\dfrac{a(1+r)\{(1+r)^n - 1\}}{r}$

$\dfrac{a\{(1+r)^n - 1\}}{r}$

$a(1+r)^n$

보이지 않는
미생물이
엄청난 일을 하는구나

　　독립된 작은 생태계 '에코스피어(Ecosphere)'에 바닷물과 자갈, 조개껍데기를 넣는다. 그리고 해조류와 새우 몇 마리와 미생물을 넣고 밀봉한다. 여기에 햇빛만 적당히 쏘여주면 그 안의 생태계는 잘 굴러간다. 새우는 해조류를 먹고, 새우의 배설물은 미생물이 분해하며, 분해된 새우의 노폐물은 해조류에게 영양소가 된다. 해조류는 햇빛과 새우가 내뿜는 이산화탄소로 광합성을 해 산소를 공급한다. 새우가 알을 낳아도 쓰레기 하나 없이 말끔하다. 모든 것을 통제하는 인간도 없는데 말이다. 이제 인간의 통제 능력은 미생물을 합성할 수 있는 문 앞에까지 와 있다. 무생물을 분석하고 조합하는 것을 넘어 생물을 분석하고 조합하고 만들어내는 미래는 어떻게 펼쳐질까?

| 합성게놈으로 만든 합성미생물까지 등장 |

지원: 2010년 5월에 기존 박테리아의 유전체(게놈)를 모방한 합성게놈
　　을 만들어 자기복제를 확인했다는 연구 결과가 있었어요. 인공합성
　　을 통해 만든 박테리아가 생명체임을 확인한 셈이죠. 인간이 생명체

생태 환경 메커니즘을 학습할 수 있는 에코스피어 상품. 외부에서 먹이를 주지 않아도 계속 생물이 살아갈 수 있는 독립된 작은 생태계를 말한다.

까지 만들어낼 수 있다는 게 놀랍기도 하지만 우려도 생기네요.

문영: 전국에 출몰했던 구제역의 균이 어디서 어떻게 들어왔는지 정확한 이력을 알려주는 아나운서의 멘트가 신기했는데 이제 그건 아무것도 아니네요. 2010년 5월에 미국 크레이그 벤터 박사 연구팀이 성공했다는 '인공게놈 합성 박테리아'에는, 합성게놈의 염기서열을 해독하는 사람에게 연락할 수 있도록 전자우편, 주소들이 '워터마크' 염기서열로 코딩되어 담겨 있다고 하니 상품의 바코드처럼 합성미생물에도 바코드가 있는 셈이죠.

인숙: 2009년에 발표된 연구도 생각나네요. 대장균을 이용해 4만 세대 동안 유전체가 환경에 적응하는 과정을 연구한 논문이었는데, 이 연구는 실험실에서 일정한 환경이 유지되더라도 생명체는 변이하고, 그 변이는 생명체에 유리하게 이루어지며, 4만 세대를 거치는 동안 유전체의 1.2퍼센트를 잃어버려 다른 생명체로 변할 수도 있다고 밝혔어요. 침팬지와 사람의 염기서열이 1퍼센트 정도 다르다고 알려진 것과 비교해 보면, 이런 연구 결과는 사람에게 '무엇이든 할 수 있다'는 오만함보다는 시간 흐름의 한 부분임을 일깨우고 겸손을 가르

치고 있는 게 아닌가 하는 생각이 들어요. 그런데 생물의 합성이라니? 사람이 사람의 필요에 의해 생명체를 다루겠다는 것인데 과연 사람이 주도적으로 미생물을 다루고 있는지는 의문이네요.

셀레라 회사를 만들어 인간 게놈을 해독하는 크레이그 벤터(J. Craig Venter) 박사

동수: 인간 게놈 지도를 다 파악하기만 하면 인간 유전자의 일정 부분을 마음대로 조절할 수 있을 것 같았죠. 하지만 그럴 수는 없어요. 인간의 유전체 지도는 다 알 수 있었지만 인간을 '제조' 할 수 있으리라는 기대와는 거리가 멀거든요. 미생물들의 유전체 지도가 만들어져도 근본적으로 달라지는 건 없을 거라고 생각해요. 하지만 합성을 했다니 왠지 영화 〈쥐라기 공원〉이 생각나면서 편하지만은 않은데요.

지원: 아무리 작아도 인간이 만든 생명체가 예상하지 못한 방향으로 진행될지도 모른다는 생각에 편치 않은 것이겠죠. 자연을 조작한다는 것이 그리 만만한 일은 아니잖아요. 아직까지는 자연계에 존재하는 미생물 중에서 1퍼센트 정도만이 배양이 가능하다고 해요. 그만큼 미생물 분야는 미개척 분야라고 할 수 있죠.

문영: 요즘 미생물 연구에 신경을 많이 쓰는 이유가 유전자 정보 때문이에요. 유전자 정보로 유전체 지도를 마련하면, 생물학이든 다른 분야든 융합기술로도 발전할 수 있는 보물지도가 된다는 거죠. 또 요즘 외치고 있는 '생물 종의 다양성' 을 위한 종 보존의 목소리에도 사실은 없어져가는 유전정보를 보호하자는 측면이 있어요. 어떻게

보면 유전자를 하나씩 쌓아 전체를 만드는 '바톰업' 방식으로 수천 억 가지의 유전자 조합을 만들고, 그중에서 인간에게 이로운 몇 가지 조합을 찾아내는 것이 많은 시간과 돈과 노력을 필요로 하지만, 이미 존재하는 생물의 유전자 조합 정보는 실험 시간을 단축해주는 소중한 정보가 되는 거죠.

동수: 보물지도라……, 그 옛날 영토 싸움의 시대에 사용되었던 지도가 떠오르는데요. 이제는 새로운 유전체 정보 싸움의 시기가 도래했다는 의미로 해석되는데, 유전체 정보는 미생물의 유전자 정보부터 시작해야겠죠. 사람의 역사는 결국 싸움을 벗어날 수 없는 걸까요? 돌도끼 들고 싸우던 시대와 문명화된 시대는 과연 무엇이 다른지, 그저 유전자 정보를 얻어내는 순수한 호기심으로 싸움이 끝날 수 있을까요?

인숙: 유전자변형처럼 염기서열을 자르고 붙여 필요한 능력을 얻어내는 데 그치지 않고 또 다른 생명체를 만드는 것은, 생명을 도구로 해서 생명체인 사람이 잘 살아보겠다는 건데, 머지않아 살아 숨 쉬는 기계인류의 탄생을 보는 것은 아닌지 두렵네요. 생명에 대한 경외심은 남겨놓아야 할 부분이 아닐까 싶어요.

| 미생물이 서 말이라도 잘 꿰어야 보배 |

문영: 미생물은 지구에서 제일 처음 생긴 생명체예요. 또한 다른 생물이 다 없어지고 시멘트 같은 인공물만 남은 척박한 환경에서도 미생물들은 마지막까지 살아남을 거라잖아요. 인간이 생각하는 것 이상

의 생명력을 가지고 있는 거죠. 그러니까 그런 미생물만의 특성을 이용하려는 거고요.

지원: 맞아요. 어떤 미생물은 미로에 풀어놓으면 자꾸 자기들끼리 모이려 하는 성질이 있어요. 이런 특성의 유전체를 이용하면 병의 원인이 되는 미생물을 몸 밖으로 모이게 해서 치료할 수 있다는 거예요. 또 핵폭발에서 살아남은 미생물이 빠른 속도로 회복하는 특징을 가지고 있는데, 이 특성을 화상치료에 이용하면 빠른 속도로 상처도 재생되고 회복될 수 있을 거라고 해요. 혹독한 환경에서도 살아남는 미생물들을 보면 각자 특징이 있어요. 이것을 적재적소에 잘 이용할 수 있는 아이디어와 기술력이 곧 자원이 되고 경쟁력이 되겠죠.

자라면서 다양한 모양을 보이는 미생물들을 컴퓨터로 색채 처리한 모습(이스라엘 텔아비브대학 에셀 벤 야콥 박사)

인숙: 지구의 미래를 책임질 에너지와 식량자원으로서도, 미생물은 빠른 시간에 필요한 자원으로 변할 수 있어 매력적이죠. 그래서 존재하는 미생물에 대한 등록이 치열해지고 있다고 해요. 2005년 독도와 독도 앞바다에서 미생물을 채취하고 등록을 했는데 일본이 무척 날카로운 반응을 보였죠. 아마도 원천 미생물의 유전자 확보와 관련한 신경전도 있지 않았을까 하는 생각이 들더군요.

동수: '보쌈집'만 원조가 중요한 게 아니군요. '원천삐리리'를 가지고 있어야 권리가 생기고 이익도 가질 수 있잖아요? 특히 요즘은 미생물을 발견해서 원천 자원으로 가지고 있는 것이 신무기를 가지는 것만큼이나 중요한 시대가 되었죠. 그런 의미에서 새로 발견한 미생물에 '김치'나 '독도' 같은 한국 이름을 붙이는 것도 뜻 깊은 작업이란 생각이 들어요.

문영: 이렇게 연구하고 발굴한 미생물들을 먹을거나 약품, 에너지 등 인간이 필요로 하는 분야에 잘 접목하면 좋겠어요. 아무리 재료가 널려 있어도 알맞은 곳에 꿰어야 보물이 되는 거니까요.

| 전통 발효식품 덕분에 우리는 미생물 강국 |

인숙: 우리는 김치, 고추장, 된장 같은 장류를 통해 미생물과 더불어 살고 있다고 할 수 있죠. 집집마다 장맛이 다르고, 젓갈이 다르고, 계절마다 김치의 종류도 다르고 그야말로 환경에 맞추어 미생물을 적절히 이용했다고 할 수 있어요. 군내 나고 고린내 나는 우리 음식이 이제야 훌륭한 과학기술이란 게 증명되고 있죠. 자연환경에 순응

한 사람들의 지혜로 만들어진 우리 장들은 살아 있는 과학이 아닐까 싶어요.

문영: 김치는 우리 것이지만 이미 세계화한 음식이에요. 그동안 자연 상태에서 생긴 유산균으로 발효되어 집집마다 맛이 달랐다면, 요즘 은 일정한 맛과 향을 만들기 위해 발효 초기에 요구르트처럼 스타터 유산균을 넣어주고 발효과정을 조절하기도 한대요. 김치 유산균의 탁월함은 익히 알려져 있고 맛과 향까지 일정한 김치를 만든다면 김 치를 활용한 고부가가치 상품을 만들 수 있는 기초가 되겠지요. 어 디 김치뿐인가요? 고초균으로 발효시킨 청국장도 그렇죠.

지원: 전통 된장, 간장, 청국장은 볏짚으로 발효시켰잖아요. 어릴 때 콩을 삶아 메주를 만들어 볏짚에 묶어두는 게 영 비위생적으로 보였 는데 가장 깨끗한 방법이었던 거죠. 우리가 '깨끗하다'고 여기는 것 이 진짜 과학적으로 깨끗한 것이라기보다는 각각의 사람마다 '그때 그때 다르고, 마음속에 있는 착각'이란 생각이 들어요. 그 옛날에 메 주 안팎으로 박테리아와 곰팡이를 키우는 혼합배양을 했으니 대단 하죠? 어쨌든 요즘 우리가 사 먹는 양조간장은 공장에서 키운 미생 물을 이용해요. 어떤 것은 미생물을 이용하지 않고 염산이나 단백질 분해효소를 이용해서 빠른 시간에 저렴하게 만들기도 한다는군요. 하여간 잘 보고 사야 한다니까요.

동수: 전통 미생물 발효주인 막걸리도 요즘 대세죠. 그런데 일본 종균 이 우리나라 미생물보다 더 빠른 시간에 발효가 돼 대량 상품으로 만 들 수 있기 때문에 한두 군데 빼고는 거의 일본 종균을 사용한다고 하니 안타까울 뿐이에요. '빨리 빨리'가 우리의 원천(?) 미덕은 아니

었는데 먹고 살기 힘들다 보니, 느림과 기다림으로 인내하던 우리의 원천을 잊고 지내는 것 같아요.

인숙: 예전에는 미생물의 장점을 있는 그대로 이용했다면 지금은 미생물에게 필요한 것을 내놓으라고 닦달하며 변형시키고 있다고 할 수 있죠. 돌조각을 먹이고는 황금알을 낳으라 하고, 열과 압력을 가해 나노튜브를 만들라고 하니 이러다간 황금거위처럼 사라져버리거나 쇠를 먹는 불가사리처럼 사람에게 위협적인 괴물이 되는 것은 아닌지 걱정스러워요.

| 더불어 살기의 아이콘인 미생물은 우리의 일부 |

문영: 젖먹이 둘째아이가 중이염 때문에 항생제를 먹고 있는데 좋은 균까지 다 죽여서 그런지 묽은 변을 자주 봐요. 원래는 변에서 요구르트처럼 시큼한 냄새가 났는데 냄새도 없어졌고요. 모유 속에는 좋은 균이 있는데, 항생제가 좋은 균, 나쁜 균 모두 죽여버려 생긴 일이에요. 그런 걸 보면 항생제가 필요하기는 하지만 100점짜리 답은 아니구나 싶은 생각도 들어요. 미생물은 건강한 삶을 위해서 정말 중요하다는 생각이 드네요.

지원: 내가 살기 위해 모든 세균을 다 없애는 것, 잡초나 해충이라고 다 없애는 것이 언제나 옳은 답은 아니라는 거죠. 세상에 아무 쓸모도 없는 잡초나 해충은 없다는 얘기를 들은 적도 있어요. 위생상태가 좋아진 지금 오히려 아토피나 알레르기 같은 것들이 더 많아졌잖아요? 미생물과의 알맞은 상호작용이 면역력을 높여준다는 거죠. 어

릴 때 흙으로 소꿉장난하고 포장마차에서 파는 튀김을 모든 손님이 하나의 간장에 찍어먹어도 병에 안 걸리던 게 다 이유가 있었나 봐요. 이거 지금 '과학' 수다 맞나요? 하하하……. 한마디로 미생물도 같이 살자는 거죠.

동수: 그래서 화학세정제로 세균을 박박 닦아 다 없애는 대신에 이로운 세균의 복합체인 EM<small>Effective Micro-organisms</small>을 뿌려주면 정화조 물도 분해해서 깨끗한 물로 만들어주고 냄새도 없애주고 청소도 되죠. 매년 더 많은 화학비료로 죽어가던 땅이나 곡식도 이로운 미생물이 정화시켜서 문제가 없었다더군요. 그 말을 듣고 '보이지 않는 미생물이 엄청난 일을 하는구나' 싶은 생각도 들고 '보이지 않는 것도 소중히 생각하고 서로 공존하며 사는 것만이 진정한 참살이'라는 생각에 EM을 사용하는데, 화학세정제로 청소한 것처럼 뽀도독 하지 않아서 익숙하지는 않았어요.

지원: 맞아요. 약간 달콤시큼한 냄새도 나고 말이죠. 화학세정제는 몇 분 지나지 않아 깨끗하게 닦이는 것과는 다르게, EM은 시간과 노력을 좀 더 기울여야 청소가 되니까 쉽게 바꾸게 되지 않더라고요. 하지만 사정을 아는 사람이라도 상생하는 길을 찾아야 한다는 사명감도 있죠.

문영: 서양의학은 나쁜 것을 없애는 것이 목적이라 없애고 죽이는 치료법을 쓰고, 동양의학은 전체 기운을 조화롭게 회복하는 게 목적이라 좋은 기운을 더욱 강하게 하는 치료법을 쓴다는 말을 들은 적이 있어요. EM을 보니 같은 철학이 들어 있구나 싶네요. 유효균을 늘여서 나쁜 상황을 완화시키고 더 나아가 좋게 만들려고 하니까요.

인숙: 무심했지만 더불어 살았던 '사람과 미생물'의 관계를 사람들의 욕심으로 깨고 있는 것은 아닌지 생각해볼 필요가 있어요. 같은 생명체로서 조화를 이루고 있었는데 사람이 그것을 깨고 있는 거죠.

지원: 아이를 키우면서 가장 하기 어려운 교육방법이 최소한으로 개입하면서 있는 그대로 바라봐주는 것이라 생각하는데 자연도 마찬가지 같아요. 모두가 자기 자리에 있을 때 커다란 '에코스피어'인 지구가 제대로 돌아갈 텐데, 우리는 과연 자기 자리에 있는 걸까요?

현대인의 로망,
생태도시를
꿈꾸다

" 창조성을 중요한 업무 요소로 활용하는 '지식경제사회'의 핵심 멤버, 바로 '창조계급'이다. 이들은 직장 위치 때문에 직업을 바꿀 수도 있다고 생각한다. 자연과 가까이 있으면서 도시의 편리함을 즐길 수 있고, 한적하고 여유로운 생활을 하면서 세계시장과 신속하게 연결될 수 있으며, 문화생활을 할 수 있는 심미적 가치를 가진 도시. 창조 계급이 선호하는 도시. 당신이 살고 싶은 도시는 어떤 모습인가? 도시에 관한 이야기로 수다 꽃을 피워보았다. "

| 지방자치의 중요성! 잊지 맙시다 |

문영: 제가 생각하는 2010년 잊지 말아야 할 뉴스는 재정자립도 2위인 성남시의 모라토리엄 선언이에요. 1995년 기초의회, 광역의회, 기초단체장, 광역단체장을 뽑는 제4대 선거 이후 16년의 세월 동안 지방자치제도가 자리를 잘 잡아가고 있을 거라고 막연히 기대했던 마

음에 경각심을 주었죠. 외부의 침입보다 무서운 것이 내부 문제라는 걸 생각하면 우리에게 중요한 의미를 준다고 생각해요.

동수: 민주주의가 꽃을 피우려면 그 뿌리에 해당하는 지방자치가 건강하게 자리를 잡아야 하죠. 그런데 지자체는 카드값 막아주는 중앙 믿고 대책 없이 긁어대고, 중앙에서는 돈 찍어내고 채권 발행하고……. 국치를 운운했던 IMF 시절처럼 앞으로 다시 구제금융을 받지 말란 법이 없는데, 대책 없는 정치인들 때문에 결국 세금을 내는 시민들만 피해를 입겠지요. 지자체는 물론이고 지자체 의원을 뽑은 유권자들과 중앙정부 모두의 책임감 있는 행동에 대해 생각하게 된 사건이었어요.

지원: 지자체가 책임감을 가져야 할 이유는 또 있어요. 사람들이 살고 싶은 경쟁력 있는 도시를 많이 가진 나라가 좋은(?) 나라라고 생각해요. 국가 간 경쟁력에서도 앞서가게 되고요. 호화 청사 지으며 빚잔치 하는 지자체도 있지만 재정자립도를 높일 방법을 강구하고, 그 과정에 주민이 참여할 수 있는 여러 창구를 만들고, 톡톡 튀는 생각을 행동으로 옮겨 이익을 만들어내는 지자체도 있어요. 그 덕분에 일자리도 만들어지고 지역 홍보도 되니 무척 바람직하죠.

관광지와 휴양지로 발달한 뉴질랜드 퀸스타운

인숙: TV에서 본 경북 청송군이 생각나네요. 환경으로만 보면 바위산인 주왕산을 비롯해 태백산맥과 보현산맥을 이루는 크고 작은 산들로 이루어진 척박한 도시지만 빙벽등반 대회, 산악자전거 대회 등을 주최해 사람들을 모으고 있었어요. 산악자전거의 마라톤인 크로스컨트리 경기를 완주하고 들어오는 선수들을 동네 주민들이 다 같이 축하해주는 모습이 정겹더군요. 청송군은 자연환경을 이용한 산악레포츠 타운을 만들어서 경제적 발전과 주민자치를 실현하고자 노력하고 있어요.

지원: 청송군과 같이 소개된 도시가, 하루 5000명꼴로 관광객이 찾는 뉴질랜드의 퀸스타운이었죠? 퀸스타운도 자연환경이 척박해 인구가 적고 이렇다 할 산업이 없는 도시였대요. 그런데 그곳 사람들이 1988년 낡고 오래돼서 사용하지 않던 카와라우 철교와 원주민들의 성인식이었던 번지점프를 결합해 최초의 상업적 번지점프대를 만들었죠. 이 새로운 레포츠가 전 세계 사람들을 모았고요. 시작은 미미했지만 끝은 창대해진 거죠.

| 살기 좋은 도시가 생태도시일까 |

동수: 노력하는 많은 지자체들이 꿈꾸는 것 이상의 좋은 결과를 얻었으면 좋겠네요. 그런데 관광도시든 산업도시든 사람들은 쾌적한 자연환경 속에서 살고 싶어 하죠. 그래서 새로 만들거나 재정비하는 도시들은 기본적으로 생태도시를 지향하는 것 같아요.

인숙: 1992년 브라질에서 열린 '환경과 개발에 관한 유엔회의'에서

'지속가능한 발전'이 본격적으로 거론되었죠. '지속가능한 발전'이란 미래 세대의 욕구를 제약하지 않으면서 현 세대의 욕구를 만족시키는 개발을 말해요. 이후 각국에서 본격적으로 생태도시에 대한 고민을 하고 있죠.

문영: 생태도시하면 자연의 한 부분으로 살기 위해 욕심을 절제하며 생활하는 마을이 떠올라요. 인공적인 것을 최소화하기 위해 제초제나 농약을 쓰지 않고, 일일이 손으로 잡초를 뽑고 벌레를 잡으면서 농사를 짓고, 해가 지면 자고 해가 뜨면 일어나는 자연적인 삶이요. 좀 불편하지만 마음의 평화를 추구하는 곳. 변산공동체가 좋은 예가 되겠네요. 하지만 도시의 편리함에 젖어 있는 저 같은 사람에게는 용기가 있어야 방문할 수 있는 특별한 곳이죠. 저는 그런 곳이 있다는 사실만으로 위안을 받기도 해요.

인숙: 인도의 오로빌이라는 곳도 있어요. 2000여 명의 세계인이 모여 살면서 문화와 종교와 인종의 차이를 뛰어넘어 인류의 공영을 추구하는 곳이죠. 다양한 직업의 사람들이 모여 있어서 자족, 자치가 가능하다고 해요. 다양한 실험교육을 하는 초중고등학교가 있는데 하버드대학을 가는 학생도 있대요. 오로빌에서 태어난 사람의 80퍼센트가 이 도시에 정착한다고 하네요. 노동과 명상을 중요시하지만 강제적이지 않고요. 그야말로 사람들이 꿈꾸는 이상향이 아닌가 싶어요.

동수: 예전의 도시는 경제성장의 상징이었죠. 도로, 상하수도 등 기반시설을 만들고 산업단지와 주택지를 만들면서 효율성과 편리성을 추구했어요. 그 이후에 자연환경을 보전하고 환경오염을 관리하려는 생태도시가 언급되기 시작했고요. 최근에는 문화적 다양성, 경제

적 활기, 사회적 형평성 등의 개념을 포함한 통합적인 '생태 비전'을 추구하고 있으니까 생태도시란 개념도 계속 진화하고 있는 셈이죠.

지원: 인간생활을 중시해서 만들었던 지금까지의 도시와는 다르게, 이제는 '환경적으로 건전하고 지속가능한 개발'ESSD: Environmentally Sound and Sustainable Development' 이란 전제 아래 자연과 인간이 조화되는 도시를 만들어가려는 경향이 보이더군요. 이런 도시가 바로 생태도시구요. 때론 다양한 생물을 위한 환경에 주력하기도 하고, 때론 친환경적인 에너지 사용과 처리에 주력하기도 하고, 또 때로는 지역문화와 전통에 주력하기도 하는 등 다양성이 있지만, 도시를 하나의 유기적 생태계로 보면서 접근한다는 공통적인 특징이 있어요.

문영: 요즘의 생태도시는 만들어진 자연, 첨단기술로 재창조된 환경이라는 느낌이 들지 않나요? 물 순환 시스템을 구축해 수질을 관리하고, 바람과 열 환경을 시뮬레이션한 뒤 쾌적한 공기를 유지할 수 있는 위치에 건물을 배치하고요. 신재생에너지로 에너지 자립도시를 꿈꾸기도 하지요. 박물관이나 공원, 광장을 만들어 사람의 감성을 만족시키기 위한 노력도 빼놓지 않고요.

동수: 도시 발전은 정말 환영할 일이지만 정교하게 만들어진 쾌적한 환경 속에 지어진 집은 비쌀 것 같아 걱정이 앞서네요. 에코라는 이름이 붙은 더 좋은 재료를 써야 하고, 바람의 방향까지 고려해야 하니 그만큼 비용이 많이 들겠죠. 아무리 좋아도 누리지 못하면 그림의 떡 아닌가요? 생태도시가 높은 진입장벽 때문에 누리지 못하는 사람들에게 상대적인 빈곤감을 주는 일은 없으면 좋겠네요.

인숙: 오히려 국민 전체가 누릴 수 있는 복지 확대라는 측면도 있어요.

자전거 도로를 만들고, 대중교통 체계를 좀 더 안정화하면 자동차가 줄어들겠죠. 그만큼 깨끗해진 공기는 모두에게 혜택으로 돌아가고요. 숲과 공원이 많아지면 좀 더 많은 동식물이 살게 될 테고 그 자체로 볼거리가 되고 휴식처가 되겠죠. 모두의 삶의 질을 조금씩 높일 수 있는 좋은 방법일 수 있어요.

| 생태도시에서 읽는 사회변화의 코드 |

문영: 현재의 생태도시를 변화하는 미래 세계에 적응하기 위한 여러 삶의 모습을 담은 모델로도 볼 수 있을 것 같아요. 네트워크가 잘 되어 있으니 굳이 사람들이 한 곳에 바글바글 모여 살 필요가 없잖아요. 더욱이 산업시대에는 공장과 공장 인부가 필요했던 반면 지식산업시대는 시스템과 콘텐츠를 만들어내는 사람들이 필요한데 이 둘은 취향이 다르죠. 다양한 소규모 공동체 마을이 많이 생길 것이고 이런 다양성이 도시의 다양성으로 이어질 것 같아요.

지원: 변화는 도시를 포함해 많은 곳에서 일어나겠죠. 인내와 성실은 미래에도 중요한 덕목이겠지만 창조력이라는 플러스 알파를 가진 인재를 더 선호할 거예요. 로컬모터스라는 자동차회사는 자동차 디

자인, 제작, 판매에 일반 대중들이 직접적으로 개입할 수 있도록 하고 있다고 해요. 공모전을 통해 자동차 디자인을 결정하고 심지어는 선정된 디자인을 온라인상에서 회원들의 의견을 모아 완성했다고 하죠. 이런 과정을 통해 새로운 모델의 자동차를 만들어내는 시간도 많이 단축했다고 하네요. 선정된 디자이너에게는 판매수익을 분배했고요. 회사와 멀리 산다는 것도, 그 회사의 직원이 아니라는 것도 일을 수행하는 데 방해가 될 수 없다는 것이죠. 어떤 사람이 앱스토어에 프로그램을 올려 돈을 많이 벌었다는 기사도 가끔 보이잖아요? 1인 기업이 가능한 세상이죠.

동수: 그런 변화가 즐겁기보다 무섭다는 생각이 드는 건 이미 제가 기성세대이기 때문일까요? 공모전으로 디자인을 선정하는 회사는 더 이상 많은 고정비용을 들여 디자인 부서를 유지할 필요가 없겠군요. 회사에 다니면서 안정적인 급여를 받던 많은 사람들은 어디로 가야 할까요? 사회가 정말 이런 시스템으로 간다면 어른 말에 순종하도록 교육받은 우리 세대는 살기가 더 힘들어질 것 같기도 해요. 무한 경쟁 시스템이 재능 있는 소수가 많은 것을 독점하는 구조를 합리화하는 도구가 되지 않길 바라게 되네요.

문영: 변화에 관한 이야기를 할 때 가장 걱정되는 것은 역시 애들 교육이에요. 앱스토어에 프로그램을 올려 돈을 벌었다는 사람은 사촌도 아니고 옆집 사람도 아니에요. 제 가까이 있는 프로그래머 친구는 밤샘 작업을 밥 먹듯이 해 항상 피곤하지만, 월급에 만족스러워하지도 않아요. 프리랜서로 일하는 친구는 급여에 만족하지만 재계약을 걱정하고요. 그러니 공부나 열심히 해서 안정적인 공무원 되라는 말

이 목구멍까지 올라와요. 이런 마음이 시대를 거스르는 발상이란 생각이 들면 교육에 대한 신념은 고사하고 팔랑귀가 되기 일쑤죠.

인숙: 생각지도 못한 많은 곳에서 변화를 체감하게 될 테고 그 변화를 좋든 싫든 결국 받아들이면서 살게 되겠죠? 개방적인 자세나 포용이란 말은 교과서적인 구호가 아니라 빠르게 변화하는 세상을 살아내기 위한 필수 마음가짐이 될 테고요.

지원: 좋은 환경이 훌륭한 인공 시스템만으로 만들어지는 건 아니라고 생각해요. 조선의 실학자 이중환은 삶터를 잡는 데는 지리가 좋아야 하고, 생리가 좋아야 하며, 인심이 좋아야 하고, 아름다운 산과 물이 있어야 한다고 말했어요. 삶의 공간을 우주의 섭리를 반영한 공간으로 보기도 했죠. 가운데 위치한 인간의 도움으로 하늘과 땅 기운의 완전한 조화가 이루어질 수 있고, 이럴 때 도가 생기고 복을 얻을 수 있다고 한 풍수사상도 생각이 나네요. 그리고 보니 조상의 삶 속에 이미 멋진 도시의 철학이 있었군요.

제3부

미래를 위한
과학, 그곳에는
사람이 있다

$\sqrt{x^2} = |x| = \begin{cases} x & (x \geq 0) \\ -x & (x < 0) \end{cases}$

$a^m \cdot a^n = a^{m+n}$

$a^{-n} = \dfrac{1}{a^n}$

$a^0 = 1 \ (a \neq 0)$

1

만능 해결사 같던
나노는
지금 어디쯤 있나요?

66 사람들의 '더 작은 세상'에 대한 호기심은 원자나 분자를 원하는 대로 제어할 수

있는 수준까지 왔다. 10억 분의 1미터 단위인 나노미터 수준의 자연 상태를 들여다볼 수

도 있고 그 특징을 알아낼 수도 있다. 사람들은 눈에 보이지도 손에 잡히지도 않는 나노

의 세계에서 과학의 미래를 보고 생명 연장과 에너지 절약이라는 두 마리 토끼를 잡으려

한다. 나노기술의 10여 년은 우리 생활에 어떤 선물과 숙제를 가져왔을까? 99

| 우리 생활의 중심에 자리한 나노기술 |

지원 : '나노기술'이라는 말은 무심코 집어든 잡지에서 처음 봤는데 만

화 같았죠. 미래 도시의 생활이 그림으로 그려져 있었고, 흑백의 단

순함과 깨끗함이 눈에 들어왔어요. 가장 인상 깊었던 것은 아픈 사

람이 캡슐 하나로 병을 진단받고 약을 처방받는 시스템이었어요.

'야! 정말 이렇게만 된다면 좋겠다'고 생각했죠. 의사가 병원에서 컴

퓨터 모니터로 병을 진단하고 환자가 집에서 처방받는 꼭 필요한 기술이라는 생각이 들더라고요. 화상으로 통화하며 회의하는 세상이 빠른 시일 안에 일상적인 일이 될 거라고 내심 기대도 됐고요. 너무 기대가 컸는지 한동안은 나노기술의 실용화가 영 더딘 것 같았는데 최근 몇 년 사이에는 나노기술과 융합하지 않은 과학기술 분야가 없는 것 같아요.

문영: 2009년쯤 처음 나노란 말을 접했을 때는 우선 관심도 없었고 들어도 흔한 광고들의 문구려니 생각했어요. 굳이 나랑 관련을 짓는다면 내가 은나노 세탁기를 쓴다는 것 정도? 하지만 세탁기를 선택할 때도 은의 살균과 항균 기능만을 생각했지 나노에 대해서는 그다지 신경 쓰지 않았어요. 아이가 아토피로 고생하고 감기도 자주 걸려 항균 기능이 아주 매력적이었죠.

인숙: 은나노 세탁기를 써 보니 나노가 다르게 생각되던가요?

문영: 세탁기를 사고 얼마 후 은 나노가 인체에 해로울 수 있다는 기사를 읽었어요. 내가 원했던 살균과 항균 기능을 담당할 나노 크기의 은이 우리 몸에 해로운 세균뿐만 아니라 우리 몸의 세포에도 치명적일 수 있다는 기사였죠. 심지어 환경에도 안 좋다는 내용에 배신감도 들었고요. 비싼 만큼 제 몫을 할 거라고 믿었는데 돈도 아까웠죠. 요즘은 세탁을 할 때 고민에 빠져요. 세탁기의 나노 기능을 눌러야 하나 말아야 하나하고요. 나노의 위해성이 확실히 밝혀진 것은 아니지만 그래도 불안하고 찜찜한 생각을 떨치기 힘드니까요.

지원: 미국에 수출한 은나노 세탁기가 2007년 미국 환경청으로부터 규제를 받았어요. 은나노의 작은 입자가 인체와 환경에 미치는 영향

에 대해 심각하게 우려한 때문이겠죠. 그 이후로 은나노 세탁기의 광고에서 '은나노'에 대한 이야기는 쏙 빠졌더군요.

동수: 사실 많은 사람들이 '나노'의 정확한 뜻도 모른 채 막연히 '첨단과학'을 상징하는 대명사로 인식하고 있는 것 같아요. 요즘은 가전제품은 물론이고 각종 생활용품에도 나노기술이 깊숙이 반영되고 있다고 광고하죠. 심지어 유아용품까지 말이죠. 그중 많은 제품이 은나노를 사용한다고 광고하지만 항균성처럼 장점에 대한 광고만 있을 뿐 위해성에 대한 정확한 정보는 소비자들이 알 수가 없어요. '나노기술'이 우리 생활 깊이 파고든 만큼 나노기술에 대한 광범위한 배경 지식도 어느 정도는 필요하다는 생각을 해요.

인숙: '나노'라는 말을 처음 들은 건 〈터미네이터〉란 영화를 볼 때였어요. 산산이 부서져 흩어진 조각들이 다시 뭉쳐져 본래 형태로 돌아오는 '나노 로봇', 그 흐르는 금속 나노를 보며 '와! 대단하다. 정말 저런 물질을 만들 수 있을까?' 생각했죠. 원하는 대로 모양을 바꾸고, 총에 맞아도 몸에 구멍을 만들어 총알을 내보내고, 화염 방사기에 녹아 흐르다가도 본래의 형태로 돌아오는 그야말로 변신 로봇의 귀재. 영화의 충격이 커서인지, 더 많은 메모리를 저장할 수 있어도 크기는 더 작아져서 쓰기에 편리하다는 나노 MP3도 시시하고, 입자

가 작아 피부에 흡수가 잘 된다는 나노 화장품도 미덥지 않고, 완벽한 세탁을 한다는 나노 세제는 어딘지 부족한 것 같고, 나노라는 이름이 아깝다는 생각이 들었어요. 나노기술이 원자까지 제어할 수 있을 거라 기대하고 세상의 많은 불편을 해결해주리라고 생각한 건 나 혼자만의 바람이었을까요?

| 더 작고 더 빠르게, 나노기술의 효율성 |

동수 : 그런 바람이 과학을 발전시키는 원동력이라고 생각해요. 많은 사람들이 나노기술이 에너지 효율 측면에서 많은 기여를 하기를 바라고 있죠. 예를 들면 나노기술이 유용하게 사용된 LED(발광다이오드) 조명은 백열등이나 형광등에 비해 전력 소비량이 매우 낮고 이산화탄소 배출량도 적어서 친환경적이라 할 수 있어요. 또 우리에게 없어서는 안 되는 메모리 반도체는 그야말로 나노기술의 상징이죠. 하루가 다르게 더 작은 크기에 더 큰 용량의 메모리칩이 쏟아져 나오다보니, 더 작고 더 빠른 전자제품들이 우리 주머니를 유혹하네요.

나노기술을 이용한 LED 전구

문영 : 무엇이든 작게 쪼개놓으면 표면적이 넓어지고, 표면적이 넓어지면 덩달아 반응성도 커져요. 나노 크기로 잘라놓았을 때 생기는 그 많은 표면적에 메모리와 태양광을 붙잡아놓을 수 있다는 생각은

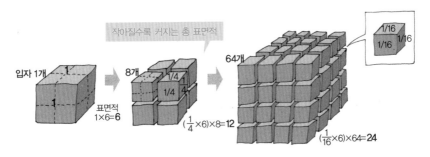

입자가 작아질수록 표면적의 총합은 더욱 커져 활성 반응의 가능성도 커진다.

사실 간단한 것 같으면서도 대단한 아이디어죠. 리처드 파인만이 말한 것처럼 브리태니커 백과사전 24권의 글자를 나노 크기로 축소할 수 있다면 작은 핀의 머리 부분에 다 수록할 수 있을 정도니까요.

인숙: 그럼 나노기술은 새롭고 특별한 능력이 아니라 나노라는 '작은 크기' 의 장점을 이용하는 거네요. 왠지 섭섭한데요? 컴퓨터의 등장은 사람들의 일거리를 물건을 만드는 것에서 정보를 얻고 나누는 일로 변화시키는 획기적인 역할을 했는데, 나노기술은 단지 이런 정보기술IT을 도와주고 한 단계 더 발전시킬 뿐인 도구라니! 컴퓨터에서 시작된 정보기술은 사람의 유전정보를 알아내고 저장하는 바이오기술BT로 이어졌는데, 나노기술은 정보와 바이오를 새로운 단계로 도약시키는 기술자 역할만을 할 뿐이라니 확실히 2퍼센트 부족한 느낌이에요. 그게 다는 아니겠죠?

지원: 엄밀히 말해서 나노기술은 아주 작은 원자 수십, 수백 개 정도의 세계를 얼마나 원하는 대로 조절하고 제어할 수 있는가 하는 기술이란 생각이 들어요. 원자 정도의 크기를 마음대로 제어할 수 있는 기술력이면 정보기술이나 바이오기술뿐 아니라 어떤 분야의 기술도

발전시킬 원동력이 될 수 있거든요. 그래서 나노기술을 흔히 융합기술이라고 하잖아요. 다른 기술과 융합했을 때 얼마나 많은 시너지 효과가 있을지 기대가 크죠. 꿈의 컴퓨터라 불리는 '양자컴퓨터' 나 인체의 비밀을 간직한 'DNA와 효소 연구' 같은 분야, 암 진단과 치료 같은 것이 모두 나노 크기에서 연구해야 하는 분야거든요.

인숙: 작은 나노에 그런 큰 미래가 있는 줄 몰랐어요. 적은 전력으로 정보를 저장하고 분석하는 양자컴퓨터는 빠르게 많은 일을 할 수 있어 에너지 절약에 크게 기여할 수 있을 테고, DNA와 효소 연구는 사람들을 병에서 벗어나게 하겠죠? 에너지 절약과 생명 연장이 결국 나노의 손안에 있는 셈이네요. 한편으로는 나노제품이 인체에 유해한 점은 없는지 왈가왈부 논의가 많은데 어떤 내용인지 궁금하네요.

│ 작아질수록 커지는 나노 활성 반응의 두 얼굴 │

문영: 나노제품은 작은 크기 때문에 피부뿐만 아니라 혈관이나 세포에까지 침투할 수 있어서 수십 또는 수백 나노 크기의 캡슐 안에 피부에 유용한 성분을 넣어 화장품에 이용하기도 해요. 하지만 바로 그런 이유, 즉 혈관이나 세포에까지 침투할 수 있기 때문에 생명체에 해로울 수도 있을 거예요. 물론 나노제품을 오랫동안 사용한 게 아니어서 이렇다 할 해를 입은 사례는 없어요. 그럴 거라고 추측하고 예상하면서 동물실험을 하고 있는 중이죠. 일이 발생하면 그때는 이미 늦잖아요? 지금 미국에서는 은나노를 살충제로 분류하고 있어요. 물론 약간의 다른 의도가 숨

나노의 세계를
처음으로 제시한
리처드 파인만

어 있다고 하지만요.

지원: 그래서 2011년 10월 정부가 나노물질 위해성으로부터 국민 건강을 지키고 나노기술과 산업발전에도 도움이 될 수 있도록 '제1차 나노 안전관리 종합계획(2012~2016)을 마련했어요. 이미 많은 나노 제품이 시중에 나온 상태라 빠른 대응은 아니지만 지금이라도 다행 이라고 생각해요.

동수: 그렇게 보면 나노기술은 정보, 바이오, 에너지 등 많은 분야의 무한한 가능성과 알 수 없는 위험이라는 두 얼굴을 가진 야누스네요. 단순히 선택의 문제가 아니라 제대로 따져야 할 문제로군요. 내가 안 쓰면 그만인 것이 아니라 제품이 만들어지는 과정에서, 사용하고 버려지는 과정에서 나와 내 가족, 심지어 지구환경에도 영향을 줄 수 있다는 것인데 정말 꼼꼼히 따져야겠네요!

인숙: 나노가 일반인의 관심에 등장한 건 2000년 미국 클린턴 대통령 이 나노기술을 21세기 미국의 국가전략산업으로 발표한 무렵이었을 거예요. 그 전에도 과학자들이 꾸준히 나노기술을 연구해 왔지만 투 자와 주목을 받지 못했죠. 그런데 미국이 주도적으로 나선 거예요. 미국은 왜 새천년의 국가전략산업으로 나노를 선택했을까요? 아마 도 IT라는 정보기술의 혜택이 모든 국가와 국민에게 골고루 돌아가 지 못했다는 비난과, BT라는 바이오기술이 많은 생물의 유전정보는 저장했지만 유전정보들이 어떤 연계를 갖는지에 대한 연구는 부족 하고 어렵다는 평가를 받는 것과 관련이 있을 것 같아요. 모두에게 희망을 주는 과학이라는 사회적 책임측면에서 나노가 의도적으로 선택된 것은 아닐까요? 사람들 모두의 공통욕구를 해결할 장기적 과

제에 대해서요. 예를 들면 불로장생 같은 거요.

동수: 그러니까 생각나는데, 지난번 노벨 생리의학상이 텔로미어에 관한 연구였어요. 텔로미어는 세포분열(DNA 복제)에서 세포의 유전정보를 그대로 복제하도록 도와주는 반복 염기들이죠. 세포분열을 도와주면서 길이가 점점 짧아지는데 텔로미어가 짧아지면 세포의 복제가 어려워지고 노화가 진행되어 점차 세포가 죽게 되요. 그런데 암세포에는 텔로미어를 활성화하는 효소 텔로머라제가 있어서 짧아지지 않는대요. 암세포가 생존하는 데 텔로머라제가 결정적인 역할을 하는 거죠. 다시 말하면 암세포의 텔로머라제를 없애면 암을 치료할 수 있다는 뜻이에요. 이런 세포의 비밀이 노화와 죽음을 전지전능한 신의 손에서 사람들의 눈앞에 가져다놓은 것이라고 해석하면 너무 비약일까요? 텔로미어와 텔로머라제 모두 나노 크기니 나노기술을 무시할 수 없죠.

지원: 무시가 아니라 두려워해야 할 것 같아요. 두 눈을 크게 뜨고 지켜봐야 빠르게 변해가는 나노기술을 따라갈 수 있겠어요. 나노 입자가 득일까 해일까 걱정이 되긴 하지만 나노기술로 암을 정복할 날도 오겠군요. 실제로 요즘 암 진단부터 치료까지 나노기술의 연구 실적이 정말 많더라고요. 연구동향이나 보도자료만 보면 꿈같은 미래가 멀지 않아 보여요. 연구에서 실용화 단계까지는 얼마나 걸릴까요? 그리고

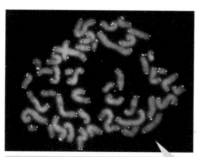

세포의 유전정보를 복제하도록 도와주는 반복 염기들인 텔로미어(염색체의 양끝 부분 노란색)

사람의 세포에 텔로머라제가 효력을 발휘할까요? 오호, 궁금한 것이 많아지는데요.

문영: 저는 좀 걱정이 되네요. 예전에 봤던 공상과학 영화의 이런저런 내용이 섞여 혼란스럽고요. 내가 이해할 수 있는 만큼만 변하면 좋으련만 따라가기가 버겁네요. 여전히 내게는 '어디까지 믿어야 하나?'라는 문제가 남았는데 알아야 하는 정보는 하루가 다르게 많아지니!! 과학은 저 같은 보통 사람과 같이 가면 안 되나요? 과거에 사람들이 바다나 우주에서 비전을 찾으려 했던 것처럼, 많은 과학자들이 미래의 비전을 '나노과학'에서 찾으려 한다더군요. 그러니 우리 같은 사람들도 나노과학의 기본은 알아야 신문이라도 읽을 수 있겠어요.

┃ 올바른 선택을 위해서는 과학과의 소통이 중요하다 ┃

인숙: 그래서 과학을 대중과 소통시키려는 노력이 많아지고 있죠. 신문과 방송에서 전문가가 보여주고 알려주는 것 말고, 각자의 위치에서 자신의 경험을 바탕으로 재해석한 과학을 얘기해보려는 거죠. 펀드 매니저는 과학을 주가로 풀어서, 정치인은 나라의 비전을 제시하면서, 사진작가는 예술적 영감과 의미를, 시민단체는 '왜?'라는 물음표를 던지면서 말이에요. 우리의 수다도 좁은 의미에서 그 일부라고 생각해요. 앞으로의 과학기술은 대중과 함께 여러 모로 따지고 재면서 발전되어야 하지 않을까요? 컴퓨터가 과학과는 전혀 관련이 없어 보이는 사람들의 삶까지 바꾸어놓았듯이 말이에요.

문영: 맞아요. 내가 원하든 원하지 않든 나도 모르게 새로운 기술을 누리며 살고 있지요. 온오프라인으로 신문도 읽고 물건도 사고, 언제 어디서든 보고픈 사람을 '스마트폰'으로 보고, 모르는 길도 지름길로 가도록 '미스 네비'가 안내하고……. 어느덧 이런 기계들에 익숙해져서 몇 년 전에는 어떻게 살았나 싶다니까요. 그러고 보면 사람들의 사는 방법이 짧은 시간 동안 참으로 많이 변했다 싶어요.

지원: 과학에 투자를 결정하는 정책 입안자를 선택하는 건 우리이고, 그 선택에 따라 우리 삶이 변하니 우리도 과학을 알아야죠. 묻고 따져서 무엇이 우리에게 필요한지 정확히 알아야 올바른 선택으로 이어지니까요.

인숙: 현대를 사는 우리에게는 빠르고 많은 정보라는 컴퓨터 문명이 주어졌어요. 하지만 그 정보가 정확하고 올바른지는 항상 의문이죠. 그래서 각기 다른 분야에서 일하는 모두가 함께 알아가야 하는 과정이 꼭 필요해요. 서로 물어보고 토론하고 서로 다른 시각을 조금씩 이해하면서 더불어 살펴가야겠죠. 그래야 현재도 미래도 아울러 볼 수 있는 최선의 선택이 나올 것 같아요. 함께하는 우리의 얘기가 중요하다는 생각에 가슴이 벅차네요.

2
우주개발,
국가경쟁 넘어
지구협력은 안 되나

> 부족해서 뭔가를 찾으러 가는 우주는 아니다. 우리가 태어난 곳이고, 우리가 자란 곳이며, 우리가 돌아갈 곳이기 때문에 나아간다. 우주로 가는 길목에서 찾은 보물은 사람이 만든 별, 인공위성이다. 우주에서 우위를 점령하기 위해 '인공위성 쏘아 올리기' 경쟁에만 집중하고, 우주쓰레기를 청소하겠다고 경쟁하는 나라는 없다는 것이 안타깝다. 나만 가지기보다는 모두 함께 누려야 빛이 날 텐데…….

인숙 : '눈이 보이지 않는 요리사'를 상상할 수 있어요? TV에서 스물여섯 살의 시각장애인 요리사를 본 적이 있는데 깜짝 놀랐어요. '사람에겐 불가능이 없구나' 하는 생각과 힘겨웠을 그 사람의 성장과정이 안타까워서 나도 모르게 눈물을 흘렸네요. 쉽게 꿈꾸기 어려웠을 일을 당차게 해내는 그녀를 보니, 말 한마디 손짓 하나도 다 예쁘더라고요. 졸업을 앞두고 유명 요리사에게 함께 일하자는 제안을 받는 모습은 정말 흐뭇했어요. 불가능을 꿈꾸게 하는 열정이 지구 어딘가

에 살아 있다는 게 놀랍지 않나요?

문영: 저는 보여도 손을 베고 음식을 태우는데, 보이지 않는 상내로 훌륭한 요리를 할 수 있다니 참 놀랍네요. 열정이 있기에 가능했을까요? 눈이 보이지 않으면 다른 감각이 발달한다고 하잖아요. 촉감이나 소리만으로 요리를 하는 걸까요? 보이지 않는 만큼 미각이 발달해 좀 더 섬세하게 요리를 할 수 있었던 걸까요?

인숙: 시력을 잃은 딸을 편견 없이 키운 부모의 태도도 중요했더군요. 눈에 보이는 것보다 더 무한한 상상력과 호기심을 가질 수 있도록 했다고 해요. 물론 본인의 끈질긴 노력은 박수받기에 충분하고요. 나는 아이들을 어떻게 키우고 있나 생각해 보게 됐죠.

동수: 상상력은 인간이 다른 동물과 구별되는 큰 장점인 것 같아요. 뜬금없는 이야기 같지만, 보이지 않는 것을 상상할 수 있는 인간의 능력이 광활한 우주에까지 도전장을 내게 한 것 아닐까요?

지원: '저 바다 건너에는 뭐가 있을까'라는 생각이 동기가 되어 아메리카 대륙을 발견했던 것처럼 달을 바라보다 달을 향해 나아간 사람들의 무모함이 현재의 우주산업을 가능하게 했겠죠.

문영: 시작도 무모했고 아직도 무모하다고 말하는 사람들이 있지만 낮에는 빛나는 태양과 함께하고 밤에는 초롱초롱 빛나는 별을 보며 상상의 나래를 펼쳤던 사람들의 오랜 역사를 생각하면, 우주산업은 무모함을 극복하려는 사람들이 치밀하게 준비한 필연적인 결과물이라고 생각돼요.

우주 진출의 위대한 상상력, 그리고 전쟁과 경쟁들

인숙: 우주를 향한 사람들의 무모하고 미련스런 도전이 영하 270도의 극한 상황에서 견딜 수 있는 새로운 소재를 만들고, 지구에서 목성에 있는 로봇을 조정할 수 있는 시스템을 설계하고, 다양한 정보를 수집하고 분석하는 첨단기술을 발전시켰다고 생각해요. 이런 도전들이 사람들의 생활에 응용되면서 꿈이 아닌 산업으로 자리를 잡은 게 바로 우주산업이라 할 수 있죠.

동수: 맞아요. 우리가 잘 몰라서 그렇지 오래전부터 우주개발의 혜택 속에 살았더군요. 병원에 가면 볼 수 있는 검사 장비인 MRI(자기공명영상장치)와 CT(양전자방출 단층촬영), 강하고 가벼운 티탄합금의 골프채, 안경테, 전자레인지와 정수기까지 주변을 둘러보면 우주산업의 응용이 아주 흔하죠.

지원: 게다가 우주산업의 발달이 우리를 정보의 홍수에 빠트리는 데 크게 기여했어요. 인공위성을 통해 지도에서 내 위치를 알 수도 있고, 요즘은 집에서 인터넷으로 주문한 상품이 언제 어디를 출발해 어디쯤 오고 있는지도 알 수 있죠. 버스정류장 안내판은 물론이고 내 손안의 스마트폰이 내가 탈 버스가 전 정거장을 몇 분 전에 출발하고 언제 도착할 건지를 알려주니 시간을 효율적으로 쓰기에는 딱 좋죠. '막차를 놓친 걸까' 안절부절 못하던 일도 먼 옛이야기가 됐어요.

인숙: 정보가 넘쳐나는 시대를 만든 숨은 공신인 우주산업은 우주라는 안 가 본 길을 탐험하다가 만난 '뜻밖의 행운' 같아요.

문영: 그럼 우주산업을 행운이라고 생각하시는 건가요? 재미있는 생

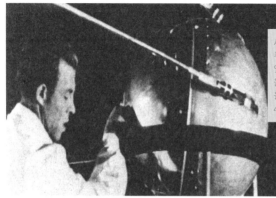

세계 최초의 인공위성 스푸트니크 1호를 조립하고 있는 소련의 기술자. 치올콥스키 탄생 100주년을 기념해 1957년 10월 4일 발사되었다.

각이네요. 그런데 우주산업의 시작은 낯선 길에서 우연히 발견한 아름다운 꽃 한 송이처럼 시작된 게 아니었어요. 전쟁을 준비하고 상대국을 제압하려는 무한경쟁 속에서 로켓이 만들어지고 인공위성이 발사됐죠. 1957년 옛 소련의 스푸트니크 1호 발사는 미국과 소련의 우주개발을 가속화했고, 예상치 못한 구소련의 붕괴로 그 혜택을 우리도 누릴 수 있게 된 거에요. 전쟁과 경쟁이 생활의 편리함을 생산한 셈이죠.

| 우주를 향한 출발은 액체추진제 로켓 |

동수: 하늘을 향한 사람들의 열망이 '이카루스의 날개'에서 시작했다면, 지구 중력을 벗어나 우주로 향한 과학적 출발은 어디로 봐야 할까요?

인숙: 물체 사이에 작용하는 힘인 중력을 처음으로 생각한 사람이 뉴턴이었다면, 그 중력을 벗어나는 방법은 소련의 물리학자 콘스탄틴

아줌마들의 과학수다

치올콥스키가 처음으로 생각했대요. 액체추진제를 사용한 로켓이 바로 그것이죠. 중력을 벗어나다니, 익숙하고 편안한 것을 벗어나다니, 역시 과학자는 뭔가 다르게 생각하는 것 같아요.

문영: 치올콥스키는 SF작가이기도 했는데, 그의 〈반작용 추진 장치에 의한 우주탐험〉이란 논문에 그 내용이 있어요. 소련의 스푸트니크 1호는 치올콥스키 탄생 100주년을 기념해서 발사되었죠.

지원: 미국은 인공위성 발사에서는 소련에 한 발 뒤졌지만 1969년 아폴로 우주선을 발사해 지구궤도를 벗어나 처음으로 인간을 달에 착륙시켰어요. 미국과 소련이 중력과 로켓으로 작용과 반작용의 확실한 예를 보여준 거죠.

문영: 미국의 달 착륙은 헤르만 오베르트의 《행성 공간으로의 로켓》에서 시작해 제2차 세계대전을 거쳐 미국이 노력한 결과겠죠. 그 뒤에는 독일의 로켓과학자 폰 브라운이 있고요. 과학적 성과는 어느 한 사람의 노력이나 어느 한 순간에 이루어지는 것이 아닌 것 같아요. 수많은 사람들의 성공과 실패가 모여 법칙이 서고, 또 다시 수정되고, 진실을 향한 끊임없는 탐구가 결과를 만들고, 그 결과가 또 다른 시작이 되고요.

처음으로 달에 착륙한 유인 우주선 아폴로 11호의 발사장면(1969년 7월 16일)

동수: 달 착륙을 말하다 보니 한 사람이 더 생각나네요. 닐 암스트롱이 달에 발을 내딛는 역사적 순간을 전 지구인이 함께 볼 수 있으리라 예상한 영국의 작가 아서 클라크 경 말이에요. 그는 1945년 어느 잡지에 정지위성을 이용해 전 지구가 하나가 되는 방법을 설명했어요. 지구 정지위성 궤도를 클라크 궤도라고 하는데 그의 이름을 딴 것이죠. 그의 영향을 받았건 아니건, 지금의 지구는 올림픽을 함께 보고, 다른 나라의 자연재해로 인한 참사에 함께 아파하고 있어요.

인숙: 우주선 이전에 인공위성이 있고, 인공위성 이전에 로켓이 있고, 로켓 이전에는 화약이 있나요? 화약은 중국에서 최초로 발명된 거 아닌가요? 그리고 우리나라엔 고려의 최무선이 있고……. 그럼 '신기전'이라는 조선의 무기는 로켓이고 미사일이고 우주를 향한 첫 발걸음이었네요. 새로운 기술을 향한 도전과 관심을 가졌던 문종의 짧은 생이 무척이나 아쉽네요.

｜국가 간 경쟁보다 지구촌 협력이 필요한 우주개발 ｜

지원: 당장 먹을 것도 부족했던 1960년대에 우리나라는 다른 나라의 우주개발을 보면서 배부른 몽상이라 했겠죠. 우주개발이 워낙 투자비용이 많이 들고 기술개발에 오랜 시간이 걸리기 때문에 당장의 경제적 이익을 따져 뒤로 밀려났을 거라 생각해요. 하지만 별을 동경하고, 태권브이로 악당을 물리치고, 은하철도 999로 우주여행을 다니고, 우주소년 아톰을 따라 하늘로 오르던 누군가의 꿈이 자라, 우리도 1992년에는 우리별 1호를 가질 수 있게 됐죠.

문영: 그러고 보면 20년이 채 안 된 짧은 기간에 인공위성을 열 개 넘게 보유하고 있네요. 더욱이 인공위성을 자체 개발할 수 있는 기술이 있고, 나로우주센터도 있고요. 비록 성공하지는 못했지만 한국형 우주발사체도 있으니 조만간 달 탐사도 가능하지 않을까 기대가 돼요.

동수: 달을 향한 아시아의 경쟁에서는 일본이 2007년 '가구야'라는 달 궤도선을 처음으로 발사했죠. 그리고 중국과 인도가 뒤를 이어 '창어' 1호와 '찬드리얀' 1호를 발사했어요. 중국은 달에 많은 양의 헬륨-3 원자핵이 있으리라 예상하고 달의 자원을 이용해 에너지 부족을 해결하려는 계획을 가지고 있대요. 헬륨-3 원자핵은 핵융합 발전의 중간물질이라 수소를 융합하는 것보다 더 효율적이죠.

인숙: 15세기에 명나라의 정화라는 사람은 '황제의 위엄'을 과시하기 위해 전 세계를 향해 머나먼 항해에 올랐다는데, 21세기 중국은 필요한 에너지원을 찾기 위해 우주로 항해를 하려고 하네요.

지원: 자료를 찾으면서 깜짝 놀랐어요. 중국산 제품들이 워낙 질 낮은 것이 많아서 기술력도 우리나라에 뒤져 있는 줄 알았는데, 중국이 우주개발 분야에서는 아주 다른 모습이더라고요. 2007년에 중국은 자국의 위성을 미사일로 요격해 미국과 러시아에 이어 세번째로 '스타워즈Star Wars' 테스트를 성공한 나라가 됐어요. 군사강국의 위력을 보여준 만큼 목소리도 커질 거예요.

문영: 우주개발이 사람들의 삶을 편리하게 한 반면 또 다른 전쟁터를 만들고 있는 것은 아닌지 걱정되네요. 인공위성으로 얻은 정보를 공유하고 재난에 공동으로 대처하며, 서로에게 도움이 되도록 배려하면 좋을 텐데요. 예전에 남해 바다에서 조업 중이던 우리 어선이 예

기치 못한 폭풍우에 조난을 당했는데, 알고 보니 옆에서 조업하던 일본 어선은 전혀 피해가 없었대요. 일본 방송에서는 이미 위험을 예보해서 재난을 피했던 거죠. 기상 정보를 공유했다면 많은 생명을 구할 수 있었을 텐데 참 안타까웠어요. 게다가 요즘은 사용료를 지불하고 정보를 제공받는 것으로 아는데. 국민들의 목숨을 잘 지키기 위해서라도 인공위성은 필수품이네요.

쌓여가는 우주쓰레기를 위한 의식의 전환

동수: 삶의 질을 높이기 위해서 인공위성이 국가의 필수품이 되어야 한다고들 하지만 우주전쟁에 대한 걱정도 커요. 중국의 요격미사일에서 발생한 10센티미터 정도의 파편이 우주왕복선 아틀란티스호와 충돌할 뻔했다는 기사는 우주전쟁보다 더 아찔하게 들리더라고요.

1984년 NASA에서 발사한 우주쓰레기 탐지용 LDEF

지원: 미국과 러시아의 통신용 인공위성이 충돌하는 사고도 있었죠. 지금 지구 주위의 우주에는 엄청난 수의 '우주쓰레기'가 맴돌고 있어요. 운용 중인 민간위성과 수명이 다해버려진 위성들이 충돌해 거대한 파편 구름도 형성돼 있고요. 이 쓰레기들이 앞으로 발사될 우주선이나 위성에도 예상치 못한 위협이 될 수 있어서 많은 과학자들이 '우주쓰레기'

처리에 고심하고 있다더군요.

문영: 인공위성의 수명은 길어야 10년이에요. 현재 사용하고 있는 인공위성이 2500개 정도 된다고 하니 나머지는 모두 버려진 것들인 셈이에요. 어림잡아 계산해도 파편과 쓰레기의 양이 어마어마하네요. 사람들이 볼 수 있는 별의 숫자가 6000~7000개 정도라는데 우주쓰레기는 그 열 배는 되겠어요.

인숙: 도대체 지구의 하늘에 무슨 일이 일어나고 있는 건지 직접 눈으로 확인할 수 없으니 답답하네요. "사람이 머물다 떠난 자리를 보면 그 사람의 됨됨이를 알 수 있다"고 하던 어머니 말씀이 생각나네요. 이리저리 휩쓸려 다니는 철 조각이 푸른 하늘에 있다는 생각만으로도 '사람들의 됨됨이'가 귓가에 맴돌고, 저 쓰레기는 누가 치우나 걱정도 돼요. 갈 수 있는 곳이라면 혼자라도 나서서 치워보겠지만 방법이 없네요.

동수: 우주 공간을 평화적이고 깨끗하게 사용하기 위한 국가 간 협력이 필요할 때가 왔어요. 스스로 하지 않는다면 규제를 만들어서라도 해야 할 텐데……. 이러한 노력들이 이뤄지고 있겠죠?

지원: 별에 가고 싶었던 게 많은 사람의 꿈이었지만 우주로 나가게 된 직접적인 계기는 강대국 간의 경쟁심이었죠. 우주를 바라보는 우리의 시선이 국가 간 경쟁이나 인류의 이익만을 위한 것이 아니었으면 좋겠어요. 우리들 생명의 고향으로 바라보는 통합의 시선이 필요하지 않을까 싶어요. 그런 맘에서 출발해야 협력 속에서 평화로운 미래도 기대할 수 있을 것 같네요.

인숙: 1950년대에 시작된 우주개발은 우주쓰레기라는 숙제를 만들어

놓았어요. 새로운 세계를 향한 도전만큼 우주를 향해가는 사람들의 올바른 마음가짐도 중요하다고 생각되는군요. 우주의 티끌에서 시작했을 우리의 존재를 받아들이고 남을 배려하는 '예(禮)' 가 가득한 지구인이었으면 좋겠어요. '가엾게 여기는 마음' 으로, '네 탓이 아닌 내 탓이오' 를 반성하면서 '하나되는 사랑' 을 만들어가는 성숙한 모습으로 우주에 발을 디디는 것은 멋진 일 아닌가요.

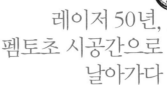

레이저 50년, 펨토초 시공간으로 날아가다

66 많은 사람들이 영화 〈스타워즈〉에서 제다이가 휘두르는 광선검을 기억한다. '챙 챙' 경쾌한 소리를 내며 싸우는 장면은 레이저 광선검이 실제로 가능한지의 여부를 떠나 시원하고 멋진 상상이 아닐 수 없다. 1960년 미국의 시어도어 메이먼이 빨간색 빛으로 풍선을 터트려 레이저를 소개한 지 50년이 넘은 지금, 두꺼운 철판도 자르고 얇은 각막도 깎아내는 레이저는 우리 생활 어디쯤 와 있을까? 99

| 원자, 소립자 세계의 찰나를 포착 |

지원 : 2010년 9월, 국내외의 한국 연구진이 세계 최고 출력을 갖는 펨토(10^{15})초의 초강력 레이저 개발에 성공했다는 기사를 봤어요. 1조 분의 1초 수준의 펄스를 갖는 기존의 빛을 1000조 분의 1초, 즉 펨토초의 펄스 빛으로 시간을 줄였다는 내용이었죠. 레이저를 쏘는 시간이 1000분의 1로 줄어들면 세기는 1000배 강력해진다고 하더군요.

문영: 분자들의 움직임이 10펨토초 정도 된다고 하던데, 빛을 방출할 수 있는 시간이 그 정도로 짧아지면 초당 1000조 장의 사진도 가능하지 않을까요? 그렇게 되면 나노미터 크기의 작은 소립자 세계가 추측하고 상상하는 것을 넘어 관찰이 가능한 세계가 되는 건가요? 현재 초당 수만 장을 찍는 초고속 카메라의 세계도 너무나 신기한데, 원자, 전자, 반물질, 쿼크 같은 소립자의 움직임을 사진이나 동영상으로 볼 수도 있다니, 정말 사람이 할 수 있는 일이 어디까지일까 경이로울 정도네요.

동수: 아주 작은 반도체 레이저에서 펨토초의 강력한 빛을 발생시킬 수 있는 원리를 밝혀냈기 때문에 이 기술이 상용화한다면 크고 값비싼 장비를 작고 값싼 장비로 구현할 수 있다고 해요. 수 킬로미터 크기의 전자 가속기를 훨씬 작게 할 수도 있다고 하고요. 또 암세포만 골라 공격하는 양성자 빔을 만들기 위해 지금까지 수 킬로미터 크기의 시설이 필요했다면, 고출력 레이저는 실험실 정도 크기에서도 양성자 빔을 만들 수 있다고 하네요.

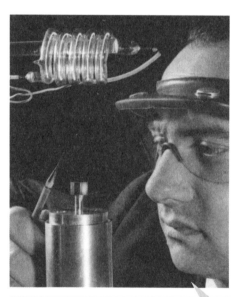

1960년 최초로 레이저를 발명한 미국의 물리학자 시어도어 메이먼

인숙: 레이저는 자연에서 볼 수 없는 빛이죠. 외부

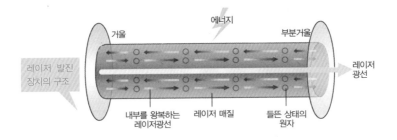

자극에 빛을 방출하는 원자의 성질을 이용해 인공적으로 만들어낸 빛이에요. 원자가 방출하는 빛의 파장과 같은 자극을 줘서 빛의 방출을 유도하고, 거울을 이용해 증폭시키고 위상이 같은 빛만을 모은 것이 바로 레이저죠. 그래서 레이저는 단색광이고 에너지 밀도가 높아요. 어렸을 때 볼록렌즈로 종이를 태우는 실험은 한번쯤 해봤을 거예요. 렌즈를 사용해 태양빛에 초점을 맞추고 에너지 밀도를 높인 거죠. 레이저는 태양빛에 비해 초점을 더 작은 크기로 맞출 수 있어 더 강한 열을 얻을 수 있어요. 펨토초 레이저의 출력이 1페타와트(1000조 와트)라니 정말 대단하죠.

동수 : 맞아요. 레이저는 같은 위상을 가진 단색광들이 많이 방출돼서 빛이 증폭되기 때문에 출력이 굉장해요. 같은 위상을 갖는다는 것은 서로 상쇄되는 것 없이 알뜰하게 보강 간섭이 일어난다는 뜻이죠. 작은 면적에 비추면 구멍을 뚫어버리거나 불이 나기도 해요. 그래서 레이저 포인터로 눈을 비추지 말라고 주의를 주잖아요. 레이저 포인터나 레이저 장난감들은 모두 안전검사를 받아 표시하도록 되어 있다고 하는데 그 위험성에 대해서는 둔감한 것 같아요. 그런데 경기장에서 레이저 포인터로 선수의 눈을 맞추는 관중까지 있으니 무식해서 용감한 것인지 아님 알면서도 과격한 것인지 참 염려스러운 일이죠.

지원: 레이저가 여러 곳에 쓰이는 것은 알았지만 그런 방법으로 쓰일
거란 생각은 못했어요. 그것도 무기라고 봐야 할까요? 남자들은 레
이저로 무기를 만들 수 있다는 것에 어떤 환상을 가지고 있는 거 같
아요. 처음 레이저 발진 장치를 만든 메이먼이 가장 많이 받은 질문
도 '레이저는 죽음의 광선인가?'였대요. '내 필살기를 받아라. 레이
저~~ 빔' 하면서 뛰어 놀던 아들의 어릴 때가 생각나네요.

문영: 제 아들도 노는 걸 보면 레이저 무기를 가장 높게 쳐줘요. 〈스타
워즈〉의 광선검이 과학적으로는 오류라고 하지만, 막대기만 보면
'내 무기는 초강력 신형 광선검이다'를 외치며 친구들과 칼싸움을
하고, 막대기를 어깨에 메며 '이건 신형 레이저 폭격기야'를 외치기
도 하고요. '신형'과 '레이저'는 하도 들어 짝꿍처럼 들리기도 하네
요. 그런데 이것이 상상만은 아닌가 봐요. 레이저 공격 장치가 장착
되어 섬광이나 소음도 없이 항공기를 격추시킬 수 있는 자동차가 개
발됐다는 신문기사를 본 적이 있거든요.

영화 〈스타워즈〉에 나오는 광선검

인숙: 미국과 중국은 이미 몇
년 전에 위성을 요격하는 실험
에 성공했어요. 레이저가 아무
리 단색광으로 먼 거리까지 직
진해서 간다지만 위성까지 정
확한 지점에 도착해 위력을 발
휘하는 것은 쉬운 일이 아니죠.

소련에 이어 러시아의 기술력도 만만치 않으니 기술적으로만 본다면 우주전쟁도 가능하죠.

동수: 미국은 물론 중국도 겉으로는 우주 조약을 지키는 것 같으면서도 우주무기 개발을 통해 우주공간에 대한 독점 지배 의지를 보여주고 있는 듯해요. 미국은 2004년 레이저 시스템이 탑재된 보잉 점보기에서 비행기를 요격하는 시험에 성공했죠. 또 대형항공기에서 우주로 레이저를 쏘면, 인공위성이 이를 대형거울로 받아 방향을 바꿔서 목표물을 공격하는 형태의 우주무기도 개발하고 있다고 하는데, 우주무기의 핵심에도 레이저가 있네요.

지원: 우리 공군도 2030년 이후에는 한반도 상공을 위협하는 위성을 공격하는 레이저 무기 확보 방안을 생각하고 있어요. 우주까지 주도권 싸움의 격전장이 될까 참 걱정이 돼요. 하지만 힘이 있어야 자신을 지킬 수 있다는 차원에서는 필요한 일이란 생각이 들기도 하네요. 거창한 것 말고도 저격수가 대상자의 이마에 빨갛게 점을 찍고 저격하잖아요. 그런 것들이 모두 군용 레이저죠.

| 생활 속으로 들어온 레이저 |

문영: 레이저가 다른 빛처럼 약해지지 않고 세기가 일정하다는 걸 이용해 달까지의 거리를 정확히 측정했잖아요? 1969년 아폴로 11호 우주선 비행사가 달에 설치한 반사경에 레이저 빛을 보내고 그 반사파를 받아 걸린 시간을 측정했죠. 그런데 실제로는 아무리 레이저가 강한 빛으로 직진한다고 해도 막상 달 표면에서 반사되어 돌아오는

파는 광자 몇 개에 해당할 정도로 약하다고 해요. 그래도 오차는 몇 센티미터 정도로 거의 정확하다더군요.

동수: 그동안은 무심코 지나쳤는데, 편의점 계산대에서 바코드를 읽는 빔을 보는 순간 '아! 저것도 레이저구나' 싶더군요. 또 CD에 데이터를 기록하기 위해서도 레이저를 비췄을 거고요. 레이저가 많이 사용되고 있다는 것은 알았지만, 정말 내 생활 가까이 있더군요.

인숙: 가공 산업에서 레이저는 혁신적인 존재예요. 우선은 가공을 하는 공간의 쾌적함이 놀랍죠. 절단과 절삭기의 소음과 용접기 불꽃에서 벗어나게 해주었으니까요. 그리고 전자기기의 소형화와 반도체의 고집적에도 기여를 하고 있어요. 레이저를 이용하면 0.01마이크로미터 이상의 정밀한 가공도 가능하니까요.

지원: 레이저 가공은 실행하는 도중에 X선이나 해로운 방사선 물질이 발생하지 않고 환경오염의 원인이 되는 용제나 납 같은 문제와도 관계없는 친환경 공법이에요. 레이저의 매질이 되는 반도체를 만들 때의 공정을 조금 눈감아준다면 말이죠. 물론 가격이 비싸다는 것이 단점이죠. 뭣보다도 많이 접하는 게 레이저로 마크나 눈금이나 모양이 정갈하게 찍혀 있는 각종 제품들일 거예요. 휴대폰만 봐도 레이저로 자르고 레이저로 회사이름 명확히 찍고…… 얼마나 많은 레이저의 손길을 거쳐 내 손안에 있는지 알 수가 없죠.

동수: 마우스에도 레이저 마우스가 있어요. 광마우스의 단점을 보완해서 반응속도도 빠르고 민감도도 조절할 수 있다고 하는데 제품에 사용하도록 허가되는 레이저 출력이 높지 않아 일반인들이 느낄 수가 없다고 해요. 그런데 애들은 게임할 때 좋다고 더 비싼 레이저 마우

스를 사달라고 조르더군요.

문영: 뭐니 뭐니 해도 우리가 가장 혜택을 보는 건 레이저에 실려 광섬
유를 타고 오는 디지털 정보가 아닐까 싶어요. 덕분에 초고속 인터
넷도 가능해졌잖아요? 레이저의 성질 덕분에 정보의 손실도 거의 없
으니 최고인 셈이죠.

지원: 큰 맘 먹고 피부에 레이저 치료를 했더니 치료를 받는 동안은 잡
티도 다 없어지고 혈색도 좋아지고 피부에서 빛이 나는 느낌이었어
요. 피부 치료용 레이저도 어찌나 많던지……. 출력도 다르고 파장
도 다르고 침투하는 두께도 달라요. 그러니까 아픈 정도도 다르더라
고요. 아픈 건 참겠는데 가격을 못 참겠어서 그만뒀지만요.

인숙: 예전엔 미의 기준이 이목구비의 생김새에 있었다면 요즘은 피부
나이가 그 역할을 대신하는 것 같아요. 하지만 빛나는 피부보다도
환한 미소와 따뜻한 말 한마디가 더 아름답지 않나요? 주름도 있고
삶의 잡티도 있는 친숙한 얼굴이 더 편안하지 않아요? 저는 지난 여

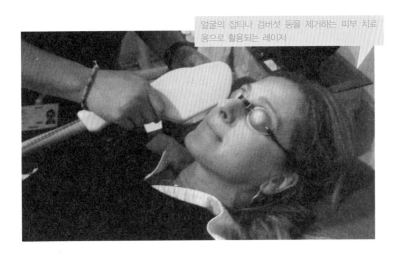

얼굴의 잡티나 검버섯 등을 제거하는 피부 치료
용으로 활용되는 레이저

름 내내 사진기를 메고 산과 들을 누빈 친구의 웃는 얼굴의 기미도 예뻐 보이더라고요.

지원: 이젠 환한 미소, 따뜻한 말 한마디로 피부문제를 해결해야겠어요. 피부용 레이저 시술 비용이 너무 비싸서요. 사실 진짜 레이저 치료가 필요한 경우도 많아요. 두꺼운 철판뿐 아니라 각막도 아주 정교하고 매끈하게 깎아낼 수 있으니 라식수술에는 레이저가 딱이죠. 종양 제거부터 사마귀 제거까지 다재다능한 레이저라고 말할 수밖에 없군요.

| 레이저, 너 어디까지 갈 거니? |

문영: 미래에 레이저가 진짜 한몫해야 하는 분야가 바로 핵융합을 실현시키는 일이 아닐까요. 고출력 레이저 빔으로 중수소 같은 핵융합 연료를 가열해서 핵융합 반응을 일으키는 '레이저 핵융합' 연구가 진행 중이거든요. 이게 잘된다면 에너지 문제 해결에 큰 역할을 할 수 있을 거란 생각을 해요.

인숙: 앞으로 레이저메스를 이용한 수술도 늘어나지 않을까요? 지금도 많이 이용하고 있지만 비교적 시간이 짧고 부분 마취로 수술이 가능한 경우에 주로 사용한다고 해요. 수술하지 않고 레이저 광선을 조사하는 것만으로 암세포나 종양을 제거하는 치료법도 있다고 하니 병과 싸우는 사람들의 고통이 많이 줄어들겠어요.

지원: 이제 레이저는 '좀 더 세게, 좀 더 빠르게, 좀 더 작게'를 향해 상상 이상의 속도로 실현돼 나가고 있죠. 연구 중인 수 마이크로(10^{-6}m),

아줌마들의
과학수다

아니 나노(10^{-9}m) 수준의 레이저가 실용화된다면 더욱 더 소형화된 가전제품은 물론이고 초고속 광컴퓨터의 광원으로도 쓸 수 있을 거예요. 소형화한다는 건 레이저를 싣고 우주로 나갈 수도 있다는 건데, 그럼 어떤 가능성이 있을까 기대 반 우려 반이네요.

동수: 어려운 일이 생길 때마다 한마음으로 단결하는 우리 민족처럼 빛도 위상을 맞추니까 레이저 같은 강력한 에너지가 나오네요. 이런 강력한 에너지를 가진 레이저로 태양전지의 실리콘 웨이퍼에 홈을 파고 전극을 입히면 빛의 손실도 줄이고 전하 수집률도 높일 수 있다고 하니까 태양전지의 경제성이 좋아져서 에너지 문제를 해결할 수 있으면 좋겠어요. 또 한 번 레이저의 활약을 기대해 봐야겠네요.

$f(x) = x + \left\{ \begin{array}{l} x \ (x \geq 0) \\ -x \ (x < 0) \end{array} \right.$

$\dfrac{a(1+r)\left((1+r)^n - 1\right)}{r}$

$x = \dfrac{1}{2-n}$

$x = 1 \ (a \neq 0)$ $\dfrac{a\left((1+r)^n - 1\right)}{r}$

$a(1+r)^n x_1$

우주를 향한
인류의 꿈,
외계 생명체를 찾아서

> 우주생물학(Astrobiology)은 1960년대에 화성의 외계 생명체를 찾으려고 한 외계 생물학(exobiology)을 시작으로 현재에 이르고 있다. '사람이 하기 힘든 일을 누군가 대신하면 좋겠다', '멀리 떨어진 친구와 얼굴을 보며 대화하고 싶다'는 황당한 상상이 과학자들의 창의력과 멈추지 않는 노력으로 실현되었다. 이제 더 나아가 전 우주생명체와 함께 '지구~ 행성! 짝짝짝~ 짝짝' 축제를 벌일 수 있다는 황당한 상상을 해본다.

| 영화 · 드라마의 외계인 이야기들 |

동수: 우주생명체 하면 떠오르는 게 영화 〈콘택트〉예요. 저런 사람도 있구나 싶었죠. 어딘가에 외계인이 살 수도 있지만, 굳이 우리가 찾아서 교류를 해야 하나, 거대한 우주 안에 지구 인류만 살아간다는 것이 외로운 일인가? 외로움을 느끼기에는 지구의 인구도 그리 적은 것은 아닌 것 같은데 생각했죠.

로버트 저메키스 감독의 영화 〈콘택트〉(1997)

문영: 저도 그 영화를 봤는데 굉장히 신선하고 나름 충격적이었어요. 그 뒤로 칼 세이건의 팬이 되었고요. 하지만 영화 말미에 외계의 지적 생명체와 조우하는 모습이 제가 기대했던 것과는 달라 실망하기도 했죠. ET에 너무 익숙해서 그런지, 구체적이지 않고 뭔가 뭉뚱그린 에너지뿐인 외계의 지적 생명체는 받아들이기 힘들더군요.

지원: 많은 영화들이 외계인을 등장시켜 문제를 미궁에 빠트리거나 해결하더군요. 우리에게 익숙한 '슈퍼맨'도 외계인이에요. 주위 사람들을 외계인이 아닐까 의심하게 했던 영화 〈맨 인 블랙〉도 기억이 나네요. 놀란 가슴을 쓸어내리게 하는 〈엑스파일〉도 결국은 범인으로 외계인을 지목하죠. 외계의 침공으로 지구가 위험에 빠지는 내용은 심심찮게 접할 수 있는 공상과학영화의 단골 소재가 됐어요. 그만큼 관심도 많고 상상력을 발휘하기에 적합한 소재이기 때문이겠죠.

인숙: 제가 즐겨봤던 〈인디아나 존스〉 시리즈는 주인공이 고대 유물과 유적을 찾아다니죠. 영화는 은연중에 지금의 과학으로도 풀기 힘든 고대 문명이, 실은 지구를 다녀간 외계인의 흔적이 아닐까 하는 생각을 보여주고 있었어요. 물론 보는 사람에 따라 생각이 다르겠지만요. '이렇게 뛰어난 문명이 그토록 짧은 동안에 어떻게 성장할 수 있었을까'라는 물음이 영화 속에 많이 나오는데 마지막 편에서 그 주

인공으로 크리스털 해골을 가진 외계인이 등장해요. 감독의 생각을 정확히 알 수 없지만, 결국 뛰어난 고대 문명의 주인이 외계인이라 말하고 있죠.

| 귀납방법으로 우주 생명체 예측 |

문영: 우주의 생명체를 단순히 재미있는 이야깃거리로 치부하기보다는 좀 더 진지하게 생각해볼 가치도 있어요. 지구에 살고 있는 우리는 지구가 우주의 중심이고 우리 삶의 유일한 터전이기 때문에 태양계를 넘고 우리 은하를 넘는 그 이상의 드넓은 공간을 상상하기가 어렵잖아요. 그런데 그 광대한 공간을 생각해보면, 그토록 넓은 곳에 지구 생명체만 있다는 것도 좀 이상해요. 어느 회충박멸 회사의 광고처럼 보이는 곳에 바퀴벌레가 있으면, 보이지 않는 곳에 숨어 있는 개체수가 훨씬 많은 것처럼요. 비유가 좀 그러네요.

동수: 셀 수 없을 만큼의 별과 그 별을 돌고 있는 더 많은 행성들이 있는데, 그중 하나의 행성에 생명이 존재한다면 다른 별들 주위의 유사한 행성들에도 생명이 존재할 수 있겠죠. 뉴턴이 지구의 중력 개념을 태양계 전체에 적용했던 것처럼, 지구라는 특별한 예를 일반화하고 싶어 하는군요. 지구의 화학작용이 우주에서도 가능하다면 외계 생명체의 가능성도 없지는 않겠죠.

인숙: 사실에 의거한 추론인 귀납법은 과학이론을 이끌어내는 방법 중 하나예요. 검은 백조 한 마리를 발견하게 되면 모든 백조가 하얗다는 이론을 뒤집을 수 있죠. 전파망원경을 이용해 외계인과의 통신을

시도하는 지구인이 있는 한, 화성에서 물의 흔적을 발견했다는 뉴스가 보도되는 한, 우주의 또 다른 생명에 대한 기대를 허무맹랑한 이야기로 무시해서는 안 된다고 생각해요.

지원: 19세기 중반에 천왕성 궤도에서 설명되지 않은 부분이 발견되었죠. 우주까지 확장해 적용한 뉴턴의 중력 법칙은 천왕성의 궤도 밖에 새로운 행성이 있을 것으로 예측했고 위치를 계산할 수 있었어요. 그리고 계산된 위치에서 1도도 벗어나지 않은 곳에서 결국 해왕성을 발견했죠. 귀납법도 불확실한 면이 있는 논거이지만 동시에 그 불확실성을 없애려는 노력으로 과학이 여기까지 왔다고 말할 수 있을 거예요.

문영: 케플러는 신의 뜻을 알기 위해 하늘을 연구했고, 신처럼 완벽한 정다면체와 구의 관계로 행성의 궤도를 알 수 있을 거라 생각했어요. 완벽함에 집중했던 그는 결과적으로 인생의 많은 부분을 행성 궤도와 상관없는 연구로 채웠죠. 티코 브라헤의 자료를 가지고는 화성의 원 궤도 운동을 계산해냈지만 두 개의 데이터가 8분 정도 맞지 않았다고 해요. 많은 데이터 중 단 두 개, 1도의 7퍼센트를 조금 넘는 그냥 지나칠 수 있었던 8분, 신처럼 완벽한 원 궤도에 대한 미련. 이것들을 뒤로 하고 처음부터 다시 계산해 타원 궤도를 찾아냈죠. 케플

외계 생명체가 우주로 보내는 신호를 찾고 있는 SETI의 전파망원경

러처럼 관측 데이터를 믿는 과학자의 태도가 신뢰를 주었듯 믿을만
한 데이터가 좀 더 쌓이면 우주 생물체를 찾는 노력에 대한 인식이
자연스럽게 좋아질 것 같아요.

| 우주생물이 존재할 가능성 |

인숙 : 지구환경은 지구 생명체에게 너무나 특별한 안식처예요. 적당한
중력과 이불처럼 포근한 대기, 반복되는 해와 달의 움직임이 우리에
게 안정감을 주죠. 포근한 대기는 지구 전체 크기에 비하면 약한 미
풍에도 쉬 날아가 버리는 깃털보다 얇아요. 상공으로 1~2킬로미터
만 올라가도 숨을 쉬기 힘들죠. 지구 대기권을 벗어나면 온통 암흑
이고, 진공이고, 이제까지 체험하지 못한 절대온도의 추위가 기다리
고 있어요. 우리가 누리는 지구환경이 우주의 일반적인 경우는 아니
라고 해요. 우주 생명체를 찾는 노력이 지구와 지구 생명체의 소중
함을 아는 데 의미가 있을 것 같네요.

지원 : 우주는 거의 수소와 헬륨으로 이루어져 있어요. 그 두 원소가 우
주 전체 물질의 99.9퍼센트를 차지한다죠. 그 다음으로 많은 원소가
탄소, 질소, 산소고요. 이 원소들은 지구 생명체를 기준으로 볼 때
'생명 발생 원소' 들이에요. 별의 핵에서 만들어져 공간 속으로 방출
되었고, 태양과 새로운 행성을 이루는 재료가 되죠. 과학자들은 다
른 은하들에 있는 별과 행성들에도 같은 원소들이 있고, 조성비율도
거의 유사하다고 추측하고 있어요. 그러니 생명체를 위한 화학재료
들은 지구에 생명이 나타나기 전 80억 년 동안 온 우주에 존재해 왔

NASA의 화성탐사용 로봇 큐리오시티 로버
(Curiosity Rover)

다는 거잖아요. 이 긴 시간에 다른 별, 다른 은하에서도 생명의 화학작용이 일어났을 가능성이 있다고 생각해요.

동수 : 과학자들이 지구가 생명체의 유일한 보금자리가 아니라고 생각하는 주된 이유는 탄소와 물이에요. 우주의 구석구석 생각보다 많은 곳에 존재하니까요. 태양계만 해도 목성의 작은 위성 칼리스토의 얼음껍질 밑에 바다가 있을 것으로 확신하고 있고, 토성의 위성 엔셀라두스의 남극에서는 간헐천이 솟구치는 것이 포착되었죠.

| 우주생물학의 여러 연구들 |

지원 : 일반인인 우리는 우주에 생명체가 있나 없나를 얘기하지만, 현재 우주생물학은 이미 학문으로 싹을 틔웠고, 벌써 우리 생활에 도움을 주고 있어요. 우주 공간에서 인류가 건강하게 살 수 있는 방법을 찾는 것도, 우주 공간에서 이루어지는 생물학 실험도 우주생물학의 한 분야죠. 그 우주 공간은 아직 국제우주정거장 정도로 한정돼 있지만요.

인숙 : 그 말을 들으니 가상의 우주 공간을 만들어 100일 간의 공동생활을 실험한 모의 화성탐사기지가 생각나네요. 2007년 캐나다 데번

섬에서 수행된 이 실험에서 우주의 척박한 환경에서 사람들이 겪게 되는 심리적 압박감과 갈등 등을 연구했대요. 먹는 것도 중요하지만 지구가 아닌 우주에서도 사람들이 행복할 수 있는지 실험한 거죠. 실험의 슬로건이 '고된 노력과 무보수, 그리고 영원한 영광'이었다고 하니 시작부터 비장함이 느껴지더라고요.

문영: 지구 생물이 우주에서 생존할 수 있는지 그 가능성을 확인하고, 우주에서도 살 수 있도록 서식지를 넓히는 것도 우주생물학의 한 분야죠. 산소가 없는 곳에서도 살 수 있는 혐기성 세균과 극한 환경에서도 살아남아 산소를 발생시키는 남조류를 화성에 번성시켜 화성에 산소를 채우는 계획도 있더라고요. 그런 뒤에 지구 식물을 화성에 옮겨 심어 '제2의 지구'로 만들려는 것이 최종 목적이고요. 지구인들이 화성에서 사는 내용이 나오는 〈토탈리콜〉이란 영화가 현실이 될 수도 있을 것 같아요.

동수: 우주정거장이나 우주선에서 식물을 키우는 연구는 흥미로운 점이 많아요. 중국 과학자들은 우주에서 진공이나 미소중력에 노출되어 유전자 변이가 일어난 씨앗을 지구에 심어 야구방망이만한 오이와 필수 영양분이 더 많은 토마토를 얻었다고 하죠.

| 유연하고 새로운 생각이 필요해 |

인숙: 우주생물학이 가능하게 된 것은 우주 대폭발(빅뱅)이라는 기존의 지식을 바탕으로 우주 환경에 대한 관측과 예측이 있었기 때문이죠. 발달된 과학은 새로운 개념을 만들고 이해할 수 없던 막연한 것을 논

리적으로 말할 수 있도록 해주었어요. 과학의 발달은 사람들을 편견과 오만에서 벗어나게 해주는 또 다른 매력이 있는 것 같아요.

문영: 우주생물학은 초기 과학자들의 용기와 열정을 생각나게 해요. 모두들 당연하다고 생각했던 상식을 수정하게 했죠. 생물이 자연스럽게 생긴다는 생각, 지구가 태양계의 중심이라는 생각이 오류임을 밝혔고, 엄청난 반향을 일으켰잖아요? '우리의 생명 기원은 우주' 라는 내용의 기사와 다큐멘터리를 본 적이 있어요. 이미 미생물 단계에서 운석이나 혜성에 실려 지구로 왔다는 거죠. 우주생물학이 우리의 어떤 상식을 깰 수 있을지 기대가 되네요.

동수: 우주는 그 어떤 것을 상상해도 될 것 같은 자유로움을 주기도 하죠. 틀에 짜인 그 어떤 것일 필요가 없잖아요. 우리도 다른 행성의 그 누군가에게는 외계인일 테니까요. 심해 속에 존재하는 생물들에 관한 다큐멘터리를 본 적이 있는데 그야말로 상상을 초월하더군요. 다리가 달린 물고기, 초롱 같은 발광체를 달고 있는 물고기 등등. 환경에 적응해 살아남는 것이 생명체의 임무라면 그 어떤 생명체도 가능할 것 같아요. 우리의 인지능력이 과학기술의 힘으로 많이 넓어지긴 했지만, 좁은 가시광선 영역과 몇몇 화학물질에 반응한다는 것을

과학과 예술을 합해 움직이는 키네트 아트(kinetic art)의 한 작품

잊지 말아야 한다는 생각도 드네요. 장님은 코끼리를 만져도 전체를 볼 수 없는 것처럼…….

지원: 새로운 융합학문이란 생각도 들어요. 우리 시대는 많은 영역에서 융합을 이야기하지만 현장 과학자들은 그 어려움을 말하는 경우가 많았어요. 같은 것에 대해 말하는 경우도 용어가 다르고 보는 시각도 다르죠. 하지만 융합은 우주의 탄생에서 생명의 진화를 볼 수 있게 해주었고, 나노 세계를 통해 생명 연장을 시도하고, 과학과 예술을 합해 움직임을 나타내는 키네틱 아트를 표현하기도 하죠. 과학이 우리 생활과 밀접해지면서 대중과 문화와도 조화를 시도하고 있고요. 조화와 융합이 이끄는 새로운 버전의 과학이 우리를 어떤 신세계로 이끌지 궁금해지네요.

$\sqrt{x^2} = |x| = \begin{cases} x & (x \geq 0) \\ -x & (x<0) \end{cases}$

$a^m \cdot a^n = a^{m+n}$

$a^{-n} = \dfrac{1}{a^n}$

$a^0 = 1 \ (a \neq 0)$

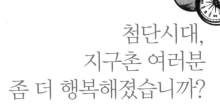

첨단시대,
지구촌 여러분
좀 더 행복해졌습니까?

> 식탁에서도, 세면대에서도, 도서관에서도 항상 내 옆엔 휴대전화가 있다. 하루에도 몇 번씩 울려대는 '띵~동' 소리에 놀란 가슴을 쓸어내리면서도 눈은 벌써 문자를 읽고 있다. 하루의 시작과 마무리도 휴대전화와 함께한다. 문명이라 불리는 과학기술이 내 손에 살고 있다. 나를 제멋대로 부리면서 분주히 소리를 울려댄다. 이러한 나의 생활을 돌아보며 내가 얻은 것이 무엇이고 무엇을 얻으려하는지 다시 한 번 생각해보고자 한다. 첨단을 살아가는 우리에겐 어떠한 목표가 있는가?

| 사람의 과학기술은 지구−생명 친화적일까 |

인숙: 이런 상상 어때요? 어느 날 갑자기 지구에서 사람들이 모두 사라진다면? 황당하지만 한번 생각해볼 만하잖아요? 이유가 어떻든 지구라는 무대의 주인공이 영원히 사람일 거라는 법은 없으니까요.

문영: 아이랑 본 〈월−E〉란 영화가 생각나네요. 사람은 없고 쓰레기를

청소하는 로봇들만 남아 있었죠. 그러고 보니 사람뿐 아니라 생명체 자체가 없었네요. 사람이 원하는 것과 지구가 원하는 것이 달라지면 영화처럼 둘은 정말 헤어질 수도 있겠단 생각이 들어요. 하지만 사람은 어디에 있든 지구라는 고향을 가슴에 담고 항상 그리워하겠죠.

동수: 지구 입장에서는, 발전이라는 이름으로 쓸데없는 구조물들을 쌓아 올리고 DNA를 자르고 붙여 원하는 유전형질을 만들어내는 사람들보다는 자연을 거스르지 않고 순응하는 생명체를 더 원하지 않을까요?

지원: 꼭 그렇게 생각할 것만은 아니죠. 지구 입장에서만 봐서도 안 되고 사람 입장에서만 볼 일도 아니라고 생각해요. 지금까지는 사람들이 호기심을 채우고 편리함을 추구하며 지구를 발전시켜왔고 더 나은 세상을 만들고 있다는 자부심도 있었을 거예요. 사실 저도 이젠 문명의 혜택이 전혀 없는 곳에서는 살아나갈 자신이 없거든요. 지구가 어떤 입장인지는 별로 생각하지 않았던 게 사실이죠. 하지만 어떤 위기가 닥쳐와도 사람들은 또 더 발전된 과학기술을 통해 그 문제를 해결하지 않을까 하는 막연한 믿음이 있는 것도 사실이에요.

인숙: 과학기술의 발전이 반드시 더 나은 세상을 만들었다고 볼 수는 없을 것 같아요. 지금 지구는 기후변화라는 위기에 처해 있죠. TV는 연일 세계 곳곳에서 일어난 기상 이변에 대한 뉴스를 쏟아내고 있어요. 지구온난화가 기후변화의 주범으로 지목되고 있고요. 지구온난화는 과학기술이 삶의 방식을 사람과 자연의 힘에서 기계의 힘으로 바꾸면서 시작됐다고 할 수 있잖아요. 그래서 만들어진 세상이 편리하기는 하지만 더 나은 세상인가 하는 것은 의문이에요. 아니, 요즘

쓰는 기기들은 너무 복잡하고 배워야 할 것도 많아 편하지도 않아요.

| 과학기술로 초래된 지구온난화, 긴급구제가 필요 |

동수: 호기심에서 출발해 사람들의 편리와 행복을 가져다줄 것 같았던 과학기술이 꼬리에 꼬리를 물고 새로운 문제를 만들어내는 측면도 있군요. 기계와의 대화에 더 많은 시간을 투자하게 하는 정보기술은 인간성의 부재를, 자연적인 다양함보다는 사람들에게 이로운 생명체로의 변형을 가져온 생명공학 기술은 생태계 파괴를, 더 작게 더 많이 더 편리함을 추구하는 나노기술은 환경과 사람의 건강을 위협하고 있다는 말이 끊이지 않고 나오니까요. 양면성을 가진 과학기술들이 융합하여 세워질 미래를 낙관적으로만 바라볼 수는 없겠어요.

문영: 그렇게 생각하다보면 지금 우리가, 조절할 수 있는 과학기술을 넘어선 것은 아닌지 의구심이 들기도 해요. 거듭제곱의 법칙Power Low 이 있죠. 불규칙적이고 무작위로 일어나는 태풍의 강도를 예측하는 방법에도 쓰이는데, 강한 태풍은 약한 태풍이 여러 번 형성되고 나서야 어쩌다 한 번 생긴다는 그야말로 상식적인 법칙이에요. 1950년 부터 2005년까지 기상 데이터를 조사해보니, 큰 태풍은 빈도는 낮지만 지속적으로 발생하고 있었대요. 이는 우리의 경험과 다르지 않아요. 우리가 건강을 애기할 때 분명 전조 증상이 있으니 잘 살펴 확인하면 큰 병을 막을 수 있다고 말하곤 하는데 그와 비슷해요. 지금의 지구온난화가 전조증상인지 강한 태풍인지 알 수 없지만 분명 무언가 일어나고 있고 그에 대한 대비가 필요하다고 생각해요.

'지구온난화'라는 개념을 처음 도입한 컬럼비아 대학 석좌교수 월리스 브뢰커

지원: 그렇기는 하네요. 35년 전인 1975년 8월 지구온난화란 개념을 처음 도입한 월리스 브뢰커 교수가 또다시 경고를 전했다고 하더군요. "지구온난화가 모든 것을 엉망으로 만들 것이며, 우리 자신을 구제할 대책을 긴급히 찾아야 한다."고요. 그만큼 긴박하고 절실하다는 것은 사실인데 개개인이 긴급한 대책을 찾는 주체가 되기에는 역부족이죠. 세계적으로 국가 간의 협력이 필요한데 이를 주도해야 할 정치는 우선순위를 어디다 두고 있는지 이산화탄소를 어쩌지 못하고, 과학자들의 경고와 환경운동가들의 우려만 계속되고 있네요.

문영: 그러고 보니, 얼마 전 중국의 기상이변으로 홍수가 발생했는데, 그로 인해 우리나라 서해 바다의 염도가 낮아져 양식업이 큰 타격을 받았다는 뉴스를 들은 적이 있어요. 물론 중국에서 불어오는 황사가 대기를 오염시키고 전염성 세균을 확산시켜 많은 피해를 주고 있다는 건 알고 있었지만, 중국의 홍수까지 그렇게 영향을 줄 거라고는 생각하지 못했죠.

인숙: 그래요. 저도 러시아의 가뭄이 우리 증시를 하락시키고, 고기값을 올리고, 음료수와 빵과 과자가격을 올려놓을 거라고는 생각도 못했는데 그런 일이 실제로 일어나더군요. 지금의 지구는 내 나라, 남

의 나라 할 것 없이 하나의 공동체예요. 그래서 미미한 바람도 서로에게 태풍 같은 위력을 발휘하죠.

지원: 지구온난화의 주범은 화석에너지를 사용하는 과학기술이지만, 지구 전체가 서로 깊은 상관관계를 가지고 움직이게 된 것은 교통과 통신, 인터넷의 발전 때문이라고 생각해요. 어떻게 보면 이런 과학기술 덕분에 지구 전체가 더욱 긴밀하게 연결되기도 했지만 전부터 서로에게 깊은 영향을 주고 있었다는 것을 더욱 더 잘 알게 된 계기가 되었죠. 이렇게 과학기술이 발전하면서 야기되는 문제는 실제로 일이 발생하기 전에는 그 피해를 예상하고 대비하는 데 한계가 있어요. 심지어는 결과가 전혀 예상하지 못한 경우로 나타나기도 해서 대책을 세우는 데 방향조차 잡지 못하는 경우가 다반사죠.

동수: 그런데도 앞선 과학기술을 가진 나라는 과학기술을 공유하는 데 매우 인색해요. 어찌 보면 과학기술이 발달해 많은 혜택을 누리고 있는 선진국은 그 기술을 팔아 더욱 더 풍족해지고, 생존과 발전을 위해 과학기술이 필요한 나라는 선진국에 기술적으로 종속될 수밖에 없어 선진국을 먹여 살리게 되죠. 거기다 앞선 과학기술로 발생되는 위험은 그 기술을 가진 나라만이 아니라 지구 전체에 영향을 미칠 수 있다는 점에서 매우 불공평하고 불공정한 거래인 셈이에요.

인숙: 앞선 과학기술을 가진 나라가 모두 제 나라의 이익만을 챙기는 건 아니에요. 오스트레일리아와 우간다가 영양 결핍에 시달리는 아프리카인들을 위해 유전자변형 바나나를 실험재배하고 있다는 기사를 읽은 적이 있어요. 실명과 빈혈에 시달리는 우간다 어린이와 여성들에게 비타민 A와 철분을 강화한 새로운 바나나를 제공하려는

거죠. 유전자변형작물의 위해성 여부와 상관없이 배고픔과 질병을 해결하기 위한 대안이에요. 일부 사람들에겐 앞으로 있을 위험에 대비하는 것이 큰 문제지만 당장 생존이 문제인 사람들에겐 유전자변형작물도 한 줄기 희망이죠. 기술이 앞선 나라가 이윤 추구가 아닌 어려운 사람들을 돕는 일에 과학기술을 사용한다면 그보다 좋은 일은 없지 않을까요?

| SNS······ 더욱 '빨라진' 연결? 더욱 '따뜻한' 연결? |

지원: 과학기술은 사람들의 삶을 편리하고 풍요롭게 하는 데 그 의미가 있는 것 아닐까요? 처음에는 결핍에서 벗어나 꼭 필요한 최소한의 것이라도 얻으려는 필요로 시작되었겠지만 결핍을 해결하고 난 후에는 더욱 편리한 것, 효율적인 것, 게다가 문화적 의미까지 찾는 시대가 되었죠.

문영: 과학기술 개발은 사람들의 힘든 일을 빠르고 쉽게 해결하는 데 목적이 있다고 생각해요. 그런데 지금은 너무도 짧은 시간에 빠르고 복잡하게 변해서, 결과적으로 모든 사람을 위해서가 아니라 새로운 기능, 새로운 디자인을 원하는 소수를 위해 개발되고, 대중이 유행처럼 그들을 따라하는 느낌이에요. 패션산업이 살아남는 방식처럼요.

지원: 먹을거리를 해결할 수 있는 정도의 여유가 있다고 해서 건강하고 행복한 삶이라고 할 수는 없죠. 더욱 많은 것을 소유하고 싶어 하는 인간의 마음은 끝이 없잖아요. 더 많은 것을 소유한다고 해도 역시 행복할 거란 생각은 안 해요. 다른 사람과 더불어 소통하며 사는

것이 더 즐겁고 행복한 삶이 아닐까요? 요즘 세태를 보면 이해되지 않는 부분이 있어요. 연인이 마주앉아 각자의 스마트폰으로 멀리 있는 사람들에게 지금 누굴 만나고 무엇을 하는지 퍼뜨리기 바빠요. 바로 앞에 앉아 있는 연인과의 대화는 뒤로 미루고 말이죠.

동수: 소셜 네트워크 서비스! 아쉬운 부분이에요. 트위터와 페이스북은 인터넷 강국으로 불리던 대한민국을 한순간에 코너로 몰아붙였죠. 우리에게도 비슷한 서비스인 싸이월드나 네이트온 등이 있었지만 세계적인 붐을 일으키지는 못했어요. 과학기술도 어떻게 접목하는가에 따라 차이가 나는 것 같아요. 세계인 모두가 공감하는 문화를 만들어내지 못하면 세계를 향한 문은 좁아질 수밖에 없죠.

인숙: 실시간으로 생각과 행동을 공개한다고 소통이 될까요? 친근감은 생기겠지만 함께 추억을 나누며 힘들 때 이름을 불러보는 것만으로도 위로가 되는 친구는 될 수 없을 것 같아요. 그리움도 없을 것 같고요. 마주보고 눈빛으로 공감하는 대화는 서로를 이해하는 폭을 넓혀 공동의 문화를 만들지만, 나를 자세히 설명하고 일방적으로 보여주는 대화는 나만 있고 우리의 문화가 없잖아요. 함께하지 못하는

문화는 외롭지 않나요?

문영: 하지만 가끔은 만남으로 이루어지는 소통이 힘들단 생각을 해요. 어쩌면 사람들은 소통이 아니라 나를 위로해주고 사랑해줄 내 편이 필요한 것은 아닐까 생각되기도 하고요. 지척에 있어 많은 것을 공유하고 공감하지만 분란의 소지도 있는 옆집, 윗집, 아랫집 이웃들보다 멀리 있으면서 지금의 나를 모르는 옛날 친구가 그래서 더 보고 싶고 그리운 것은 아닐까요? 분란의 소지가 없으니까요. 그런 면에서 나를 알렸을 때 아는 체 해주는 소수가 있다면 그것도 행복 아닌가 싶어요. 휴대전화와 인터넷으로 나누는 대화는 감정의 소모를 줄여주고 그래서 직접 대화하는 것보다 짧게 주고받는 문자가 더 편할 때도 있어요.

| 인간이 과학기술을 부리나, 과학기술이 인간을 부리나 |

동수 : 과학기술을 독점하고 있는 몇몇 국가와 거대 기업이 지구 전체 사람들의 삶의 방식과 문화를 바꾸고 있어요. 나라와 문화의 다양성에 상관없이 이익 추구라는 획일적인 선택을 강요하죠. 개발되는 과학기술들로 인해 전자기기의 교체 시기는 하루가 다르게 빨라지고, 마트나 가게의 규모는 대형화되며, 인

터넷의 익명성으로 많은 사람들이 상처를 받아요. 대량생산으로 이윤을 많이 남기는 작물만을 선호하니 서로간의 경쟁은 더욱더 치열해지고요.

지원: 맞아요. 과학기술의 발달로 세계경제가 지구촌이라는 하나의 장이 되면서 사람들의 삶의 속도는 빨라졌어요. 사람들은 자연을 떠나 도시로 이동하고, 바빠진 일상은 가까운 사람들조차 친밀함을 유지할 시간을 주지 않죠. 뭔가 시스템으로는 더 멀리 있는 사람들과도 강한 유대감과 공동체가 되어 가는 것 같은데 정신적으로는 유대감도 공동체의 의미도 상실되어 가는 듯해요. 그저 새로운 기술을 쫓아가느라 힘들어하고 있고요. 이것만 쫓아가면 될 거라 생각하지만 잡고 나면 또 다른 것이 있고, 또 있고…… 누구를 위한 지구촌이고 과학기술인지 알 수 없게 되었어요.

문영: 생명공학기술과 위성통신망 등이 이루어낸 대량생산과 합리적 배분은 한여름에도 제철 과일인 수박보다 귤과 사과 값을 싸게 만들었고, 지구 반을 돌아 운송되어온 장미가 그 지역에서 생산된 상품에 비해 더 저렴한 이상한 일이 벌어지고 있어요. 계절도, 나라도, 환경도 무시되는 과학기술에 의한 변화는 사람들을 혼란스럽게 해요. 각자 가지고 있는 고유한 특성에 대한 혼란은 사람들의 자존심과 정체성의 혼란도 야기하고요. 이러한 자신감 상실이 사람을 우울하게 하기도 하네요.

동수: 그래서 '살기 힘들다'는 말이 해마다, 철마다 뉴스의 시작과 끝에 어김없이 보도되나 봐요. 가끔은, 예전과 별반 다를 것이 없는데 너무 많이 알아서 끊임없이 비교하다보니 힘들다고 생각하게 된 것

은 아닌가 싶기도 해요.

인숙: 만족이 없는 것 같아요. 스스로 선택하지 않은 과학기술의 혜택은 고역이죠. 처음 스마트폰이 나왔을 때 일괄적으로 회사에서 지급한 스마트폰이 일부 회사원들에게 가장 큰 스트레스가 된 적이 있어요. 지금은 대부분의 회사원이 스마트폰 없이는 불편한 시대를 살고있지만요. 가진 것이 많을수록 이사할 때마다 애프터서비스를 받으려고 투자하는 시간과 돈이 훨씬 더 많이 드는 것처럼, 스마트폰에의해 세상이 달라졌다고 할 만큼 많은 기능을 가지고 있으니 그걸 배우고 익히느라 많은 시간과 돈을 투자해야 되지요.

지원: 과학기술이 우리를 편리하게 해준 것은 분명해요. 하지만 기술만 있고 나 자신이나 우리가 없으면 곤란하죠. 내 삶과 우리의 삶이편리한 것뿐 아니라 풍성해지기 위해 과학기술이 필요한 거잖아요. 과학기술을 따라 잡느라 허덕이며 얼굴도 모르는 사람들의 의견과관심에만 급급한 대신 가까이 있는 사람과도 인사와 관심을 나누는것이 먼저일 것 같아요. 우선이 무엇이고 주체가 무엇인지 한 번 더생각해 봐야겠어요.

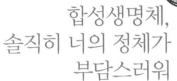

합성생명체,
솔직히 너의 정체가
부담스러워

얼마 전에 놀라운 소식을 접했다. '합성생명체의 탄생', 표현부터 거창하다. 생명을 합성하다니? 우리는 지금 이런 혁신적인 시대를 살아가고 있는 거다. 하루가 다르게 변해가고 그것에 익숙해지기도 전에 또 다른 변화가 몰려오는 질풍의 시대를 살아내고 있는 지금, 생명조차 그 가치 기준이 변하는 시대를 살면서 생명체인 '나'를 생각해본다. 나는 어떤 생명체인가?

| 생명을 합성하는 놀라운 소식 |

문영: '합성생물'이란 단어를 요즘 심심찮게 보게 되는데, 미국의 크레이그 벤터 박사가 15년에 걸쳐 만들어낸 '마이코플라즈마 마이코이즈' 박테리아 JCVI-syn1를 말하는 거예요. 사람이 살아 있는 세포를 만들었다는 보도에 왠지 거부감이 앞서더군요. 함부로 다루어서는 안되는 생명을 몇 개의 물질로 구성해 놓은 느낌이랄까요?

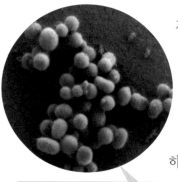
마이코플라즈마 마이코이즈 박테리
아를 전자현미경으로 촬영한 사진

지원: 2002년 사람의 염기서열을 해독했던 벤터 박사가 2010년 박테리아의 DNA를 합성해 같은 개체를 지속적으로 복제할 수 있는 생물 기능을 가진 최초의 인공 생명체를 만들었다고 하죠. 그 뉴스를 처음 접했을 때 과장이 아닐까 생각했어요. '설마'라는 의구심도 컸고요. 생명체를 만들겠다는 시도도 놀라웠는데 결국 성공한 생명체를 선보이니 모른 체 지나갈 일은 아니란 생각이 들어요.

인숙: 맞아요. 생명체의 중요한 요건인 핵과 외피 둘 다를 합성한 것은 아니지만 유전자를 이용한 이런 급속한 성과는 생명을 다루는 과학 기술에 대한 찬반 논란을 다시금 부각시키고 있죠.

동수: 합성생물을 바라보는 시각은 사람마다 다른 거 같아요. 인류에게 닥친 난제를 풀어줄 거라는 필요성과 생명을 함부로 다룬다는 윤리적 가치가 충돌하죠. 하지만 과학기술의 흐름이 합성생물 쪽으로 가는 것을 막을 수는 없을 것 같아요.

문영: 우리는 이미 알게 모르게 기능이 알려진 유전자 가운데 기존의 생명체에 필요한 유전자를 삽입해 새로운 기능을 가지는 생명체를 만들어 사용하고 있어요. 물론 아주 적은 부분만을 조작해서 원하는 성질을 얻는 데 집중했고 다음 세대로의 유전 같은 부정적인 문제는 생각하지도 않았고요. 인슐린을 제공하는 미생물에서부터 독성 물질을 제거하는 미생물까지 유전자 삽입으로 원래는 없던 기능을 만

들어 사람에게 필요한 물질을 생산해내도록 하고 있죠.

지원: 생명을 인공적으로 만들어낸 것 같은 자극적인 제목과는 달리
내용을 자세히 들여다보면 합성이라는 단어에 그리 큰 의미가 있나
싶어요. 지금까지 사람들이 해왔던 많은 만들기의 한 부분이 발전한
것이라 볼 수 있지 않나요? 종간 교배로 새로운 품종을 만들어내는
육종 기술과 유전자 일부를 변형하는 GMO 기술처럼 합성생물도
또 다른 기술로 필요한 것을 얻는 것이니까요.

| 그 미래는 무얼까 |

인숙: 로버트 훅이 현미경 덕분
에 생명체의 한 작은 부분에
세포라는 이름을 붙이고, 스
위스 화학자 요한 미셔가 세
포핵에서 DNA를 발견했죠.
DNA가 유전물질임을 실험적
으로 증명한 이는 1944년 오
스왈드 에이버리와 동료 과학
자들이고요. 제임스 왓슨과
프랜시스 크릭이 DNA의 이
중나선 모델을 가지고 유전정
보의 저장과 전달하는 방식을
설명한 이래 많은 사람들이

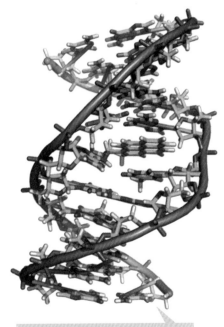

제임스 왓슨과 프랜시스 크릭이 밝힌 DNA의
이중나선 구조

유전자에 관심을 집중해 왔어요. 생명의 시작도 끝도 모두 유전자가 주도한다고 믿죠. 분자생물학과 유전공학이 유전자 합성기술의 급속한 발전과 더불어 합성생물학을 만들었다고 해요.

동수: 2003년 미국 MIT에서 열린 합성생물학대회에서 죽으면 바나나 향을 내는 세균과 오염물질의 냄새를 맡아 경보시스템을 작동시키는 박테리아 등 합성한 유전자를 사용한 새롭고도 기발한 미생물들이 선보였어요. 그리고 2004년 같은 곳에서 국제학술대회 '합성생물학 1.0 Synthetic Biology 1.0'이 개최되었고요. 이것을 계기로 합성생물학이 본격적으로 시작했다고 해요. 합성생물학은 '자연에 존재하지 않는 생물의 구성요소와 시스템을 설계하고 제작하는 일, 또는 자연에 존재하는 생물시스템을 재설계해 제작하는 일'이라고 정의됐죠. 설계하고 제작한다니, 지금까지의 생물학과는 많은 차이가 있어요. 자연을 호기심으로 연구하고 모방하던 단계를 지나 경제적인 제품을 만들어내는 공학의 의미로 변한 것이죠.

문영: 유전자 염기 합성속도의 빠른 증가와 비용 감소는 합성생물학을 경제적 관점에서 바라볼 수 있게 했어요. 유전자 합성의 생산성은 15년 전에 비해 7000배 높아졌고, 비용은 32개월 만에 50배가 감소했대요. 앞으로의 일을 기대하게 할 만한 수치이지 않나요? 염기서열이 알려진 종의 수가 1154개에 달하고, 그 유전체 정보도 합성생물학을 무한한 자원으로 만들고 있다고 생각해요. 아직 그 염기서열의 의미를 정확히 모르지만 이대로라면 화석연료에서 화학제품의 주원료인 나프타를 만드는 것보다 합성생물을 이용해 만드는 것이 경제적인 날도 올 것 같아요.

지원: 생명체를 그런 관점에서 본다는 것이 여전히 부담스럽네요. 결국 사람도 얼마의 가치를 가지는 제품이자 언제든 바꿀 수 있는 부속품으로 전락할 수 있다는 예견같이 보여 유쾌하지도 않고요. 인류가 화석연료를 에너지원으로 선택해 산업혁명을 이끌었듯이 현재의 인류가 합성생물이라는 선택으로 만들고자 하는 미래는 무엇일까요?

인숙: 미래를 예측한 선택이 아니라 지금의 어려움을 해결하는 가장 친환경적인 방법이라고 생각한 사람들이 이끌고 있는 한 분야라고 생각해요. 현재는 밝혀진 위험이 없지만 사람이 살아가는 환경을 바꾸는 것에 그치지 않고 사람의 유전형질 자체를 변화시킬 수 있는 치명적 위험을 내포한 선택이기도 하고요. 그래서 더욱 꼼꼼히 알아보고 신중하게 다뤄야 할 과학기술이죠.

| 합성생명, 신중하고 신중하게 |

동수: 생명체를 원자의 조합이나 유전자의 배열로 보고 사람의 의지로 만들어낼 수 있다는 생각이 무섭기도 하지만 신기하기도 해요. 그런데 생명이 그리 단순한 걸까요?

문영: 생명에 대한 새로운 기준이 세워져야 할 것 같다는 생각이 들기도 해요. 벤터 박사는 자신이 만든 합성박테리아에 표시를 남겼다죠? 증식을 통해 퍼져나가는 인공생명체임을 식별할 수 있도록 말이에요. 그 얘기를 들으니 앞으로는 생명체의 유전자에 가격과 주인을 표기하는 진정한(?) 물질만능 사회가 올 것 같아 무서운 생각도 들어요.

지원: 공산품의 Made in ○○○의 표시를 보고 원산지를 확인하는 것

처럼 앞으로는 생명도 자연생명체인지 인공생명체인지를 확인할 시대가 오겠어요. 아직은 박테리아 같은 난순한 세포만을 만들지만 많은 생물체의 염기서열이 '골드'라는 유전체 정보 사이트에 공개되고 있으니 더 많은 시도와 연구가 이루어지겠죠. 생명을 단순히 유전자의 조합으로만 본다면 사람의 염기가 30억 쌍이니까 박테리아의 100만 개에 비하면 아직 멀고 먼 얘기일 수 있지만 사람의 유전체도 아예 불가능한 일은 아니라는 생각이 들어요.

인숙: 우리 생각이 이렇게 복잡한데 생명체가 그렇게 단순한 유전자의 조합은 아닐 거예요. 생명체는 나서 자라고 병들고 죽는 변화를 거치는 동안 시간에 따라 끊임없이 달라지죠. 그리고 유지하기 위해 지속적으로 주변과 상호작용을 하고요. 그러한 균형을 분자 구조의 변화로 설명하기에는 너무 부족한 것 아닐까요?

동수: 생명은 아직도 사람이 제대로 알지 못하는 영역인데 이를 만들겠다고 하니 사람의 욕심이 과한 것은 아닌지 걱정은 되지만 합성생물학이라는 물줄기가 이미 시작되었으니 조절이 필요한 것 같아요. 무엇을 왜 만들어야 하는지 명확히 구분하지 않으면 생명체들이 모여 사는 생태계는 합성생물체로 인해 큰 혼란을 겪을 수밖에 없을 거예요.

문영: 생명이 어디에서 시작되었는가에 대한 궁금증으로 시작한 생명공학이 DNA라는 유전자를 발견하고 유전자의 염기서열을 해독하고 급기야 유전자를 모방한 합성세포를 만들었어요. 이 모두가 바로 앞에 닥친 큰 문제를 해결하기 위해서였겠죠. 결국 생명체를 이용해 식량 부족과 에너지 부족, 지나친 편리가 부른 환경오염까지 모두 해결하겠다는 목표 아니겠어요?

지원: 필요한 유전자를 자르고 붙여 새로운 것을 만들거나, 자연에 존재하는 생명체의 유전자 지도를 따라 생물체를 만드는 지금의 합성생물은 있는 것을 모방하거나 조금 고치는 정도라고 볼 수 있어요. 하지만 앞으로의 합성생물은 말 그대로 필요한 기능을 가진 생명체를 주문받아 생산하는 화학공장이 되지 않을까요?

인숙: 생명체는 지구의 자전주기를 인식하는 생체 시계를 가지고 있다고 해요. 식물이 계절에 따라 또는 밤과 낮에 따라 꽃이 피는 것을 조절할 수 있는 것은 피토크롬이라는 광수용체를 가지고 있기 때문이래요. 이렇듯 기후 환경에 맞추어 생물체의 외부와 내부의 변화를 감지하고 그 정보를 이용하여 적절히 균형을 조절하는 시간의 개념은 유전자도 매순간 평형을 이루기 위한 진화를 멈추지 않고 있다는 의미라고 생각해요.

동수: 기능이 제대로 밝혀지지 않은 많은 유전자들이 시간에 따라 어떤 변화를 하는지 미리 예측하지 못한다면 합성생물학은 큰 파괴를 가지고 올 수도 있어요. 과학 발전으로 파생될 문제점도 함께 고민하는 것이 바람직한 미래 과학의 모습이겠죠?

| '만약에……' 우리를 불편하고 두렵게 하는 것들 |

문영: 사람이 사는 데 위해한 환경을 개선한다는 목적으로 오염물질을 먹이로 먹는 합성생물을 이용해 환경을 바꾸고, 에너지를 얻고, 인류의 식량을 얻는 이런 끊임없는 조작이 오히려 사람의 생체 신호를 교란시켜 유전자변형을 유도하지 않을까 걱정이 되기도 하네요.

지원: 얼마 전, 방목한 소에서 얻어진 유제품과 고기가 곡물 사료를 먹고 자란 소에서 얻어진 것과는 다르다는 자료를 본 적이 있어요. 풀을 먹은 소에서 얻은 식품은 오메가3 지방산의 비율이 달라서 고혈압과 비만 같은 성인병 환자의 주식으로 고기와 버터를 사용해도 오히려 병이 치료된다고 하더군요.

인숙: 맞아요. 소의 먹이였던 풀, 사람의 먹이였던 초식동물 ,이러한 먹이사슬을 거쳐 자연에 맞게 순환하면 사람도, 소도, 풀도 서로가 균형을 이루며 건강하게 상생한다는 거죠. 사람들의 요구에 맞춘 더 빨리, 더 많이, 더 편리함이 바로 사람의 병을 만들고 이러한 질병이 사람의 유전자에 흔적을 남겨 다시 나타나게 되는 거죠. 거기다 언제든 돌연변이의 가능성을 추가하는 거고요. 이제는 정말 사람도 자연의 변화에 순응하며 천천히 사는 법을 배울 때가 된 것 같아요.

동수: 사람 스스로가 외부 환경을 빠르게 변화시켜 오랫동안 지속되었던 균형을 깨트리고 내부의 유전형질에 변이가 있어야 한다는 생각에 동의해요. 외부의 변화에 사람이 적응하지 않고 외부 상태를 무조건 바꾸는 것은 한계가 있죠. 미처 경험하지 못했거나 예상치 못한 일이 일어날 수 있으니까요.

문영: 문득 합성생물학의 가장 큰 문제는 사람을 위해 외부 환경을 바꾸는 게 아니라 스스로 환경에 적응하는 유전자를 선택해 조작하려는 사람의 욕심이 아닌가 하는 생각도 드네요. 아이들이 슈퍼맨과 스파이더맨 같은 초능력자를 꿈꾸듯 사람들마다 욕심에 따라 특정 능력의 유전자를 조작할 가능성도 있을 것 같아요.

지원: 인류의 시작을 호모사피엔스로 봤을 때 대략 15만 년 전에 처음

출현했을 것으로 추정하는데, 미생물의 역사는 38억 년 전부터라고 추정하고 있죠. 앞으로 지구가 극한 상황으로 변한다고 해도 미생물은 살아남을 거라고 하고요. 지금의 합성생물학은 어쩌면 그 끈질긴 생명력을 갖고 싶은 사람의 염원인지도 모르겠어요.

인숙 : 지속적으로 변화하고 발 빠르게 적응해 살아남는 것. 이것은 생명뿐 아니라 사람의 경제활동에서도 항상 강조하는 말이죠. 미생물의 끈질긴 생명력의 비밀이 적응을 위한 효율적 선택이라고 본다면 미래의 사람도 최소한의 필요 기능만을 지닌 단순한 모습으로 변해 갈지도 모르겠네요. 우리가 미래의 사람을 머리만 큰 형태나 손가락만 큰 형태의 모습으로 그리듯 말이에요.

동수 : 그렇게 변하고 싶지는 않아요. 주변을 감상하고 감동하고 감정을 표현하는 복합 생명체로서 고유의 아름다움을 유지하고 싶어요. 비록 살아남기는 어려운 악조건이라도 말이에요. 그것이 사람만이 가지는 생명력이 아닐까요? 다른 생명체에 비해 불리하지만 언제나 해결책을 찾는 능력? 그 얘기를 하고 싶네요.

$x^2 = |x| = \begin{cases} x \ (x \ge 0) \\ -x \ (x < 0) \end{cases}$

$a^m \cdot a^n = a^{m+n}$

$\dfrac{a(1+r)\{(1+r)^n - 1\}}{r}$

$a^{-n} = \dfrac{1}{a^n}$

$a^0 = 1 \ (a \neq 0)$

$\dfrac{a\{(1+r)^n - 1\}}{r}$

$a(1+r)^n A$

7

종말론이
유행하는 시대를 살아내는
우리의 자세

> 66 멋지고 잘생긴 삼엽충을 고르기 위해 태백의 산자락에서 오랜 시간 쪼그려 앉아 시간을 보낸 적이 있다. 만남은 사람을 변하게 한다더니 차가운 돌 속에 남겨진 생명 흔적들과의 교류는 내가 무심코 다니던 길이 46억 년 지구의 역사서임을, 한때 살았으나 지금은 사라진 수많은 생물들과 공유하는 공간임을 알게 해주었다. 긴 생명 역사의 한 자락 속에는 우리도 들어 있다. 99

| 종말이 온다면 |

문영: 2012년에 종말이 올 거란 얘기가 있던데요. 백두산이 1000년 만에 다시 폭발할 가능성이 있다는 얘기도 들리고요. 어느 날 갑자기 생각지도 못한 재난으로 죽을 수 있다는 생각이 들면 어떠세요?

지원: 지구의 멸망도 충격이겠지만 나의 마지막에 대해 생각해보게 되네요. 어떤 모습의 종말이냐에 따라 대처하는 모습도 다를 것 같아

요. 지구 전체를 한순간에 없어지게 하는 혜성 충돌 같은 경우냐, 어떤 종교에서 말하듯 선택받은 사람들만 불려 올라가는 휴거의 모습이냐, 아니면 폼페이의 화산 폭발처럼 평소대로 지내다가 미처 깨닫기도 전에 일을 당하느냐, 남아 있는 시간을 과학적으로 계산해내고 주어진 시간에 어떤 노력을 할 수 있는지 내게 선택이 주어진 재난영화 같은 경우냐 등등이요.

동수: 2000년이 시작하기 전에도 세기말을 그냥 넘기기가 아쉬웠는지 종말론이 득세했죠. 그때나 지금이나 '그런 일이 있을 수도 있겠다'고 생각은 하지만 실제 생활에 영향을 끼치지는 않는 것 같아요. 죽음도 삶의 자연스런 한 부분이라고 생각하니까요.

인숙: 사람의 힘으로는 어쩌지 못하는 끝이 있다는 것은 현재를 살아가기에 바쁜 현대인에게 다시금 미래를 계획하고 삶을 되짚어보게 하는 계기가 되는 것 같아요. 그리고 끝을 말하는 예언에서 우주와 더불어 상생하는 지구에 대해 알고자 하는 많은 시도들이 오늘의 과학으로 이어지지 않았을까 하는 생각도 들고요. 그래서인지 '어떻게 살 것인가' 보다 '어떻게 죽을 것인가'를 생각하는 것은 '나' 라는 개인을 역사의 일부분으로 올려놓는, 조금은 사치스런 환상이라고 생각해요.

▎척박한 환경에서 피어난 생명의 씨앗 ▎

문영: 아주, 아주 긴 시간을 생각해본 적이 있는데 어쩌면, 지구가 생명체에게 그리 우호적인 환경이 아닐 수도 있다는 생각이 들었어요.

수명이 정해져 있고 그 열기의 정도도 계속 변하는 태양, 언제 떨어질지 모르는 혜성과 운석, 계속 움직이는 지각, 그에 따른 지진과 화산들……

동수: 위험한 것으로 치면 산소도 빠지지 않아요. 우리가 적응했으니 이제는 산소 없이 살 수 없게 되었지만, 산소 자체는 꽤 위험한 기체잖아요. 발화점만 갖추어지면 모든 것을 태워버릴 수 있으니.

지원: 지구 최초의 생명체는 황화수소를 먹는 박테리아였다죠. 주변 유기물을 흡수하고 자손을 남기는 정도였고요. 생각해보면 대단한 일이죠. 펄펄 끓는 뜨거운 열수 속에서 생명이 시작되었다니. 정말 녹록치 않은 환경이었을 텐데 말이에요.

인숙: 그 뒤에 출현한 시아노박테리아는 광합성을 하고 산소를 내보냈죠. 지구에 등장한 산소는 산소를 호흡하는 생물체를 유도하고 바다 속에 철광석을 쌓게 되죠. 이러한 시아노박테리아의 흔적은 스트로마톨라이트로 지금도 존재해요. 얼마 전 우리나라 소청도에서도 10억 년 전 스트로마톨라이트 화석이 발견돼 화제가 됐었죠. 그리고 보면 지구의 환경은 생명체와의 능동적인 상호작용으로 만들어졌다고 할 수 있겠는데요.

문영: 우주에서 산소라는 원소가 만들어지려면 수소가 핵융합해 헬륨이 돼야 하고, 헬륨이 다시 베릴륨으로, 베릴륨은 탄소로, 그 탄소가

헬륨과 핵융합해야 하잖아요? 그 정도 반응이 일어나려면 태양의 8배 정도 되는 적색거성 이상이 되어야 하고요. 우리가 미생물로 인슐린과 에탄올을 만들어내면서 미생물에게 많은 신세를 지고 있다고 생각했는데, 신세 정도가 아니라 미생물이 만들어놓은 환경에 밥숟가락을 얹어놓고 주인 행세하는 것은 아닌가 하는 생각도 드네요.

| 아주 오래된 탄생과 죽음의 역사 |

지원: 제가 학교 다닐 때만 해도 선캄브리아기에는 생물이 거의 없었다고 배웠는데 조그만 박테리아가 만들어낸 산소가 지구환경을 바꿀 정도였다면 우리가 흔적을 찾지 못했을 뿐이지 생명은 넘쳐나고 있었다는 거네요. 지질시대 중 87퍼센트를 차지하는 선캄브리아기의 환경이 밝혀지고 어떻게 생명이 생겼는지 정확하게 알게 된다면 앞으로 변할 지구환경에 대처하는 방법과 어디까지 생명이고 무엇이 생명인지를 아는 데 큰 도움이 되겠어요.

동수: 인류의 조상으로 고생대 캄브리아기에 살던 피카이아부터 얘기하기도 하잖아요. 척색만을 가진 이들이 어류로 진화하고 양서류, 포유류를 거쳐 인간에 이르렀다고 보는 거죠. 최고가 아니라 끊임없이 변하는 환경에 빨리 적응하는 종이 살아남는 게 진화라고 볼 수 있겠죠. 이런 관점에서라면 멸종

고생대 캄브리아기의 척색동물군으로 알려진 피카이아

의 의미도 다시 생각할 필요가 있을 것 같아요. 사라지는 것이 아니라 끊임없는 변화(?)의 한 형태라고 할 수도 있지 않을까요?

인숙: 공룡을 보면 더 확실하지 않나요. 중생대를 지배했던 공룡은 완전히 사라져 지금은 찾아볼 수 없죠. 지구라는 시스템이 만들어놓은 환경에 적응하지 못하거나, 변화에 따라 진화하지 못하는 생물체의 멸종은 지금도 우리 주변에서 일어나고 있어요. 지구의 열대림이 파괴되면서 사라지는 생물이 매일 50~100종은 된다고 해요. 천연기념물도 지정하고 보호동식물도 지정하는 이유가 멸종위기에 대한 경고뿐 아니라 지구환경 변화에 대한 경각의 의미도 있는 것 같아요. 이러한 변화에 우리는 어떻게 대처해야 할까요?

지원: 흔히 지구상 생물들이 큰 변화를 겪은 대멸종은 고생대 오르도비스기 말, 데본기 말, 페름기 말과 중생대 트라이아스기 말과 백악기 말을 꼽아 다섯 번 정도라고 하더군요. 3차 멸종인 페름기 말에는 해양동물 종의 90퍼센트 이상이 없어졌다고 하고요. 우리가 관심 있어 하거나 이야깃거리로 많이 등장하는 멸종은 백악기 말 공룡의 멸종이지만요.

동수: 맞아요. 페름기 말에 가장 큰 멸종이 있었는데 그 원인으로 대륙의 융기에 따른 환경변화를 꼽아요. 그때의 환경변화에도 지금 우리가 걱정하는 지구온난화의 결과들이 들어 있죠. 바다의 수온 변화에 따른 증발량 변화, 염분 변화, 영양 염류의 변화, pH 변화 같은 거요. 지구온난화를 걱정하면서도 '설마' 하고 있는 우리에게 경고같이 느껴져 섬뜩하지 않나요? 인간의 무책임한 행동으로 다른 생물들이 대량 멸종을 당할 수도 있으니까요.

문영: 사회에서 '노블리스 오블리제_{noblesse oblige}'를 외치잖아요. 비슷하게 다른 생명에게 큰 파급 효과를 미치는 인간이 다른 생물에 대해 배려와 공생의식을 지녀야 한다는 뜻에서 '휴먼 오블리제'라도 외쳐야 하는 것 아닌가 싶어요.

인숙: 사람의 활동에 의한 다른 생물의 멸종을 가볍게 생각할 수 없는 이유는 뒤따라올 생태계 파괴가 결국 사람의 생존과 직결되기 때문이죠. 사람을 살아가게 하는 에너지원은 사람 스스로 만들 수 있는 것이 아니라 생태계의 순환으로 얻을 수 있어요. 이 가운데 어느 한 단계의 균형이 깨지면 그 피해는 구성원 모두에게 치명적일 수 있죠.

| 생명의 힘에 부끄럽지 않은 '웰 리빙' '웰 다잉' |

동수: 진화를 재연한다고 똑같은 일이 반복될까요? 지구의 환경 변화를 누구도 정확히 예측하기 힘들고, 마음대로 바꿀 수 있는 것도 아니니까 우리 존재는 복불복일까요? 신은 주사위를 던지지 않았다고 외치던 아인슈타인의 심정이 조금은 이해가 되네요.

문영: 생명의 역사는 참으로 고단하고, 참으로 대단하다는 생각이 들어요. 각각의 개체가 시간의 흐름과 함께 태어나고, 적응하고, 사라지는 행진을 38억 년이나 이어왔으니까요. 생명의 힘을 어떻게든 살아내는 데서 찾아야 할 것 같은데 심심찮게 들리는 자살 소식은 맘을 싱숭생숭 어지럽혀요.

인숙: 요즘 들어 아이들 교육보다 노후를 준비해야 한다는 말을 많이 들어요. 건강하게 살기 위한 실버산업이라는 말이 어색하지 않으니

고령화 사회라는 실감도 들고요. 자식의 도움 없이 취미생활을 즐기고, 사회의 일원으로 봉사하는 노인들의 삶이 자주 대중매체에 노출되면서 사회 일선에서 물러나 제2의 인생을 어떻게 살 것인가를 고민해야 하는 시대가 왔어요.

지원: 우리는 지금 수명을 최소한 70세 이상으로 보고 삶을 계획해야 하죠. 하지만 국가나 사회적 시스템은 아직 70세 이상으로 맞춰져 있지 않은 것 같아요. 정년이 짧아서 실제로 일할 수 있는 기간은 더 짧고, 개인이 알아서 나머지 시간들을 짊어져야 하죠. 20년, 30년을 일 없고, 적절한 소득 없이 보내는 건 생각만 해도 암담한 일이네요. 더욱이 스스로의 능력에 의해서가 아니라 자식이든, 국가든 누군가에 의존한 채 산다는 것도 말이에요. 여러 가지 측면에서 새로운 준비가 필요할 때 같아요.

인숙: 앞으로의 날을 생각하다보니 에머슨의 시 한 구절이 가슴에 들어오더라고요. "누군가 나로 인해 조금 더 편히 숨 쉴 수 있다면 성공적인 삶이리라." 나의 흔적이 탄소뿐 아니라 볼을 어르는 따뜻한 바람으로, 반짝이는 은사시나뭇잎의 편안한 웃음으로 누군가의 가슴에 남았으면 하는 바람을 가져 봐요. 욕심일까요?

동수: 길게 살고 짧게 사는 것이 중요하다기보다 매순간을 얼마나 행복하고 충실하게 보냈느냐가 중요하다 싶어요. 너무 빤한 얘기를 했나요? 사실 생각해보면 남을 쫓아가는 데 바빠서 내가 뭘 좋아하는지, 어떻게 하면 행복한지 별로 생각해보지 않은 것 같아요. 내면의 목소리에 귀를 기울이고, 하루하루를 희망으로 채우는 노력을 하다보면 좋은 마무리도 할 수 있죠.

문영: 뇌졸중 후유증으로 약간 다리를 저시는 아주머니가 중학생쯤 된 어린 딸의 부축을 받으며 공원을 산책하는 것을 본 적이 있어요. 엄마와 딸의 표정은 서로가 있어서 얼마나 감사한지, 그 순간을 얼마나 소중하게 생각하는지 말하고 있더라고요. 사람에게 가장 큰 희망을 주는 것도 사람이고, 가장 큰 상처나 절망을 주는 것도 사람 같아요. 지금이 얼마나 소중한지, 현재 내 옆에 있는 사람들이 얼마나 큰 기쁨인지 느끼면서 살고 싶네요.

지원: 사람이 사는 여러 이유가 있겠지만 내가 책임져야 할 것이 있으면 쉽게 죽음을 생각하지 못하는 것 같아요. 제가 그렇거든요. 저의 여러 역할 중에 엄마란 역할의 비중이 가장 커요. 엄마여서 행복하고, 힘들고, 보람이 있고, 실망스럽기도 하죠. 사람끼리 보살피고 위해주면서 사는 것이 가장 인간다운 삶이 아닌가 싶기도 해요. 아이들이 어느 정도 컸으니 이제 보살필 '너'를 조금씩 넓혀 보려고요. 그러다 보면 참 잘 살았다고 말할 날이 오지 않을까요.

8

뇌의 과학과
삶의 행복을
함께 이야기하다

66 머리를 열어 뇌의 이곳저곳을 자극하면 어떤 반응을 하는지, 어떤 단어를 기억하는지 알아보는 실험들을 한다. 분명 구불구불한 것이 한 덩어리처럼 뭉쳐 있는 뇌인데 자극받는 정도나 부위에 따라 반응이 다르다. 이렇게 자극과 반응에 대한 메커니즘을 다 알아낸다면 인간의 생각과 행동에 대한 메커니즘도 다 알아낼 수 있을까? '지혜로운 사람'을 뜻하는 호모사피엔스만이 지닌다는 '지혜'도 과학적으로 규명해낼 수 있을까? 99

| 자극에 무뎌지는 우리 시대 뇌세포 |

인숙: 학력이 안락한 삶을 보장해주던 사회가 가고, 남들과는 다른 창의성이 주목받는 요즘 같은 사회에는 많은 것을 아는 것보다 새로운 것을 생각해내는 특별한 능력에 더 관심이 많아지고 있어요. 그러다 보니 기억하는 것과는 다른 각도에서 뇌를 연구하는 뇌과학에 대한

관심도 높아지고 있죠. 다르다는 차별화를 과학으로 증명이라도 하려는 듯 말이에요.

문영: 뇌에 좋은 음식, 뇌를 개발하는 운동, 뇌를 쓰는 법까지 뇌에 대한 관심은 그야말로 다양하죠. 그런데 이런 것을 보고 있노라면《바보 이반》이라는 동화가 생각나요. 육체노동이 아닌 정신노동의 효율성을 가르치던 악마가 제풀에 지쳐 연단에서 떨어지면서 머리로 못을 박자, 바보 이반이 "손과 발이 아닌 머리로 일을 하다니 정말 놀라운 일이야!"라고 감탄을 했죠. 제가 너무 시니컬한 것일까요?

지원: 어느 때보다 많은 시간을 공부에 쏟고 점점 똑똑해지는 것 같은 아이들 세대인데, 마주앉아서 차분히 10분만 얘기해보면 배신감과 허탈함이 밀려올 때가 한두 번이 아니에요. 세대가 달라서일까요, 사고가 달라서일까요? 심지어는 뇌구조가 다른가 하는 비과학적(?)인 생각마저 들어요. 어떻게 같은 생물학적 뇌를 가지고 그렇게 다른 사고를 할 수 있는지 놀랍다니까요.

동수: 우리 부모님 세대도 우리 세대와 이렇게까지 심한 세대 차이를 느꼈을까요? 요즘 아이들은 뭉뚱그려 이야기하고, 앞뒤가 없고, '왜?' 도 '어떻게 할 것인가?' 도 없고, '그런가?' '그랬대!' '그냥' 만

아줌마들의 과학수다

있지 자신의 생각이나 주장은 없는 것 같아요. 게다가 왜들 그렇게 날카로운지…… 앞뒤 분간보다는 순간의 감정이 앞선다는 느낌이에 요.

인숙: 생각보다는 말이 앞서고 말보다는 행동이 앞서야 한다는 성현의 가르침(?)에 충실히 따르고 있는 요즘 신세대는, 상식이라는 틀에 고 민하고 참고 기다리며 학교를 졸업하던 우리 세대와는 달리 상식 밖 의 행동이 앞설 때가 많은 거 같아요. 하지만 비정규직으로 삶을 살 아야 하는 '88만원 세대'를 넘어 아르바이트로 살아가는 십대의 삶 을 '44만원 세대'라고 할 만큼, 아직 어린 십대에게도 경제적 능력 이 중요한 목적이 되어버린 현실이니 아이들 탓만 할 수도 없겠죠. 평균 수명은 늘어나는데 아이들은 너무 빨리 어른이 되려고 해요. 어른이 된다는 건 제 삶을 책임져야 하는 시간이 길어지는 건데 왜 그렇게 서두르는지? 아이들이 서툴고 풋풋한 시간을 충실히 살았으 면 좋겠어요.

동수: 경쟁의 시대에서 살아남기 위해서일까요? 아이들뿐만 아니라 어른들도 남에게 보이는 것에만 온통 관심이 있는 것 같아요. 내면 을 충실히 채울 여유가 없으니, 스트레스로 뇌가 쪼그라들지는 않을 지 걱정이에요.

문영: 요즘 저는 놀고 싶고 자고 싶은 맘을 억누르면서 물집 잡힌 손으 로 삽을 들고 느꼈던 보람이나 희열보다는 순간의 편안함을 선택하 는 경우가 많아졌어요. 그래서 그런지 따뜻한 햇살과 살랑살랑 부는 바람의 미세함에서 즐거움을 찾던 세포들마저, 과격하게 흔들어대 는 몸짓과 쿵쾅거리는 소음에 적응해서 웬만한 자극에도 감동할 줄

모르는 무딘 세포로 변해가고 있는 것 같아요. 사소한 일에도 욕을 해야 직성이 풀리는 수변 아이들을 보면 저 자신만큼이나 걱정이 돼요. 그 아이들의 뇌가 '욕' 정도는 되어야 자극으로 인식하고, 앞으로 점점 더 강한 자극을 원할 테니 안타까운 생각이 들기도 하고요.

인숙: 소곤대는 바람 소리에 미소 짓고 푸른 하늘에 눈물 나는 시적인 뇌 세포는 아니더라도 남이 넘어지면 일으켜주고, 울면 등을 두드려주고, 아파하는 사람에게 호~ 하고 따뜻한 바람을 불어주는 뇌 세포가 있다면 외로이 억울하게 죽어가는 젊은 인터넷 세대는 줄어들지 않을까요? 그놈의 악플 때문에 마음 다치는 일은 덜 하지 않을까요?

| 행복한 삶을 위해 뇌의 실체를 밝히는 과학 |

지원: 한창 사춘기의 표본을 보여주고 있는 아들놈을 보고 있노라면 그 머릿속을 한 번 들여다봤으면 싶은 지경이에요. 도대체 그 생각은 어디를 향하고 있는지, 무슨 심보인지 속 시원히 알기라도 하면 좋겠어요. 요즘은 행동에 따라 뇌의 활성화되는 부분을 알 수 있다던데 거꾸로 뇌의 어떤 부분을 활성화하도록 전기자극을 줘서라도 공부도 열심히 하고 말도 잘 듣는 아들을 만들 수는 없을까 상상하기도 한다니까요.

동수: 뇌는 사람을 다른 사람과 구별해 '유일한 사람'으로 결정짓는 중요한 부분이죠. 얼굴 같은 겉모습이 달라서뿐만 아니라 특징적인 사고와 행동에 의해서 그 사람이 형성되니까요. 사람마다 뇌 구조가 다르고 색깔이 다르고 구성 물질이 달라야 할 것 같은데, 신체의 일부

분으로만 여겨 수술하고 치료한다는 게 쉽게 받아들여지지 않네요.

지원: 요즘은 스트레스와 우울이라는 마음의 병도 병원에 가서 치료를 받잖아요? 약으로 특정 부위의 뇌신경을 자극하거나 신경전달물질을 차단하거나 촉진시켜서 병을 치료한다고 해요. 그런 면에서 보면 생각도 일정 세포에 특정한 전기자극을 주면 나타나는 과학 현상이라고 할 수 있겠네요. 느끼고 생각하는 게 전기적 자극인 거죠. 행동은 그에 따른 반응이고요. 이렇게 보면 참으로 인간이 단순하다는 생각도 들어요. 지구 60억 인구가 시시각각 다른 생각을 하고 있을 텐데, 그것들이 세포와 자극의 확률로 무한하지 않고 유한하다니 말이죠.

문영: 영적 체험이나 예술적 영감을 뇌로 들어온 자극에 대한 잘못된 반응의 결과로 설명하기도 하더라고요. 빈센트 반 고흐 같은 경우에도 그의 강렬한 색채와 격렬한 필치가 세상을 새롭게 본 예술적 창의력 때문이 아니라 그가 앓았던 측두엽 간질 때문이란 설명이 있어요. 뇌 질환 때문에 고흐가 본 세상이 그의 그림과 다를 바가 없었을 거란 추측이죠. 그렇다면 학자들의 논리적 추론도 세상 자극에 대한 뇌 인식체계의 이합집산일 가능성이 있는 것 아닌가요?

인숙: 글쎄요. 아무튼 전기적 자극에 대한 반응은 사람마다 다른 경험과 지금까지 해온 생각의 경로에 따라 다르게 나타나는 것이겠죠. 그러고 보면 직접 경험을 통한 느낌과 생각과 갈등에서 나온 선택, 이런 것들이 중요하다고 생각되네요. 아이들의 교육이 어떤 방향으로 가야 하는지 조금은 보이는 듯하군요.

문영: 뇌에 관심을 갖는 이유가 아이들의 교육적인 부분 때문만은 아

니에요. 노령인구가 느는 요즘 행복한 노년을 보내려는 다수의 수요가 뇌 연구를 부추기고 있어요. 치매 같은 뇌질환의 치료를 넘어서 더욱 행복해지려는 거죠.

동수: 행복을 느끼는 것이 뇌의 어떤 부분을 자극하면 나온다는 호르몬을 말하는 건가요? 도파민과 세라토닌? '행복'이 뇌의 실체를 연구한다고 다 규명될 것 같지는 않은데, 뇌와 행복이라……

지원: 그래요. 사람의 사랑과 행복이 호르몬의 작용만으로 설명될 수 있을까요? 사랑해서 호르몬이 생성되는지 호르몬의 생성이 사랑을 이끄는지 그건 모르겠어요. 얼마 전 공포나 통증을 조절하는 유전자, 학습을 기억하는 유전자, 수면이나 생체 리듬을 조절하는 유전자를 규명하기 위해서 실험용 쥐의 뇌에 미세박막전극을 심어두고 관찰하는 연구를 본 일이 있어요. 공포 유전자를 찾아내 이를 제거하면 고양이에게도 덤비는 쥐를 볼 수 있다는 거죠.

문영: 아직은 사람의 뇌에 대한 연구가 진행 중이어서 뇌 구석구석이 담당하는 역할과 기능이 모두 알려져 있지 않은 상태죠. 그들의 조합이 어떠한 현상을 일으키는지 계속 알아가고 있는 중이에요. 외부

생쥐의 뇌에 미세박막전극을 심어 뇌의 인지기능 원리를 규명하는 연구를 실행 중이다.

쥐의 뇌에 심을 미세박막전극

자극에 활성반응을 보이는 뇌 영역에 이름표를 붙이고, 그곳에 영향을 미치는 호르몬과 그 양에 따라 달라지는 뇌의 반응을 알아가고 있어요. 물론 뇌를 구성하는 신경세포의 작용 메커니즘 연구도 뇌 연구의 중요한 부분을 차지하고 있고요.

지원: 이렇게 뇌의 구석구석을 계속 연구하면, 미래에는 인공지능을 가진 로봇 시대도 기대할 수 있다는 게 뇌과학자들의 견해더군요. 인간에게 친구가 되어주고 감성까지 표현하는 인공 뇌가 장착된 로봇 말이에요. 그런 날이 오면 길어진 노년의 최대 적 중 하나인 치매라는 공포에서도 벗어날 수 있지 않을까요?

| 복잡한 뇌는 개발하기 나름 |

동수: 시간이 흐르면 많은 것이 새롭게 밝혀지겠지만 우리 생각을 좌지우지하거나, 영화에서 본 것처럼 필요한 정보를 사서 머리에 일시적으로 끼워넣는 일은 없었으면 좋겠어요. 생각하는 존재로서의 자존감이 상실되면 사람으로 살아가는 당당함도 사라지는 거니까요.

지원: '생각하는 사람'의 실체도 '뇌'이겠지만 뇌를 인간의 신체부분 중 하나라고 생각해보면 무게가 1400그램 정도인데, 그중 물이 78 퍼센트, 지방이 10퍼센트, 단백질이 8퍼센트를 차지하고 있대요. 사람 몸의 구성비율과 별반 다를 게 없죠. 그런데 체중의 2퍼센트 정도를 차지하는 뇌가 신체가 소모하는 에너지의 20퍼센트를 소모해요. 에너지 활용이 아주 높은 부분이죠. 가만히 앉아서라도 두뇌를 활발히 사용한다면 뭣보다도 효율적인 다이어트가 되지 않을까요?

인숙: 그 많은 에너지는 신경세포의 작용에 필요하죠. 펼치면 신문지 한 장 정노 되는 뇌의 주름은 신경세포가 서울과 대전의 고속도로 길이보다 긴 신경섬유로 이루어져 있대요. 이 부분을 피질이라고 하는데, 생각과 계획과 기억 같은 우리가 생각하는 두뇌활동의 중추적 역할을 맡고 있어요. 사람의 뇌가 사용될 때는 어느 한 곳만 움직이는 것이 아니라 조금씩 서로서로 교류하며 반응을 나타낸다는군요. 복잡한 시스템이죠.

문영: 복잡하다는 것은 뇌가 동전을 넣으면 먹고 싶은 음료수가 나오는 자동판매기처럼은 움직이지 않는다는 것을 의미하겠죠. 예를 들어 기억이라는 부분은 단백질의 생성과 파괴라는 생화학적 과정을 통해 뉴런을 새로 만들고 재배치하는 과정인데 이런 과정은 호르몬의 종류와 양의 영향을 받고, 호르몬의 종류와 양은 또 다른 요인에 의해 달라질 수 있어요.

지원: 하지만 다급한 상황에선 복잡한 사고를 하지 않고 생존을 담당하는 부분만 작용한다고 해요. 두뇌가 위협이나 공포에 대한 반응을 할 때는 가장 필요한 것에만 단순하고 즉각적으로 반응하도록 되어 있다는 것이겠죠.

동수: 예전에 오랜 세월 미국에서 산 재미교포가 잊어버렸던 한글을 치매에 걸린 뒤에 기억해냈다는 말을 들은 적이 있어요. 오히려 영어는 전혀 기억하지 못하고 어릴 때 배웠던 한글만을 기억한 거예요. 정말 이상하지 않아요?

인숙: 치매도 두뇌가 하는 일이죠. 학습에 의해 달라지고 재구성된 두뇌 세포들이 서로 연계를 풀어버린 상태라고나 할까? 처음 상태의

뇌? 각각의 원시적 기능만을 가진 존재뿐인 뇌가 아닐까 하는 생각을 해봐요.

문영: 그럼 우리가 인식하는 '나'는 경험과 학습 등으로 자극받아 생성된 뇌 신경회로의 집합체가 만들어내는 환상인가요? 경험과 학습이 부족한 신생아들은 자신을 인지하지 못할까요? 더 많은 의문이 생기네요.

지원: 실제로 임신 이후부터 두 살까지 평생 사용할 뇌의 신경세포가 거의 만들어진대요. 말하자면 하드웨어는 이미 그때 만들어진다는 거예요. 세 살 이후에는 오히려 자극에 강화된 시냅스는 남고 그렇지 못한 시냅스는 정리를 한다는군요. 만들어진 약 1000억 개의 뉴런에 많은 경험적·감성적 자극의 시냅스가 복잡하게 연결되는 과정이 두뇌 발달과 연관이 되는 거죠. 자극받고 활성화된 부분은 계속 개발이 되지만 그렇지 못한 시냅스는 소멸되어 정리된다는 거예요.

동수: 창의성도 그렇대요. 누구나 다 가지고 있는 능력이지만 계발했느냐 아니냐의 문제라고 해요. 그렇게 생각한다면 누구나 천재도, 바보도 될 수 있다는 얘기가 되겠네요. 하지만 유전, 노력, 경험, 이성 같은 많은 요인이 천재도 바보도 아닌 '보통 사람'으로

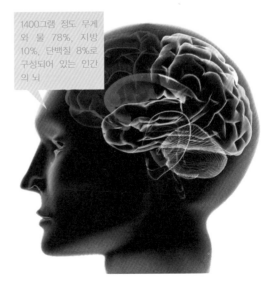

1400그램 정도 무게와 물 78%, 지방 10%, 단백질 8%로 구성되어 있는 인간의 뇌

살아갈 수 있게 하는 것 같아요.

문영: 내가 살아 있다는 진정한 의미는 나의 '뇌'가 살아 있을 때 가능한 거라 생각해요. 생리적으로 심장이 뛰고 맥박이 있다고 해도 뇌가 죽어 있다면 살았다고 말할 수 없겠죠. 그래서 뇌가 살아 있는 식물인간과는 구별해서 뇌사가 인정되면 장기이식이 가능하도록 하고 있고요.

| 뇌, 성급하게 판단해서는 안 되는 미지의 영역 |

인숙: 사람을 생각하는 존재로 보기 때문에 가능한 결정이라고 생각해요. 하지만 반드시 의학적으로 건강한(?) 뇌를 가진 사람만 의미 있게 살고 있다고는 말할 수 없죠. 부족한 사람으로 받아들여지는 지적장애인이나 자폐증도 알고 보면 지금 세상에서는 인정하지 않는 또 다른 능력을 소유한 사람일 수 있잖아요.

지원: 맞아요. 평범한 반응을 하지 않는 것뿐일 수 있어요. 음악적·미술적 감각과 재능이 더 뛰어난 사람도 있고요. 한마디로 누구나 할 수 있는 것은 조금 부족하더라도 다른 것을 더 잘하는 사람이라는 생각이 들어요. 사람의 능력이라는 측면에서 보면 두뇌는 아직 밝혀지지 않은 미개척 분야예요. 성급히 판단하거나 결정하면 안 되는 거죠. 그래서 존엄사도 신중히 고려할 일이에요. 기적이라는 것은 언제든 버릴 수 없는 희망이잖아요. 몰라서 기적이지 그 방법만 안다면 많은 사람들이 희망을 실현할 수 있게 되겠죠.

인숙: 뇌 지도를 그리는 연구자들도 있지만, 뇌의 능력을 물리적 자극

에 대한 화학물질의 분비와 반응으로 설명한다는 것은 어딘가 부족해 보여요. 리처드 도킨슨의 이기적인 유전자가 사람을 선택했듯이 뇌의 활성도 뇌에 의해 선택된 것은 아닌가 하는 생각을 해봤어요. 하지만 운명이나 숙명처럼 생각의 방향이 예정된 길로 가는 것처럼 보여도 오감을 통해서 들어온 많은 정보가 미처 해석되고 분류되지 않은 상태로 뇌에 저장되었다가, 시간이 지난 후 어떤 결정을 내리는 순간에 영향을 미친다는 무의식이라는 부분에도 관심이 가네요.

지원: 무의식까지 알아내기는 벅차다고 해도 살아가기 불편한 치매를 예방하거나 치료할 수 있는 방법을 과학적으로 알아내기 위해 많은 노력들을 하고 있어요. 나노과학이나 줄기세포의 발달로 희망이 보인다는 연구결과도 많고요. 길어지는 노년을 살아야 하는 우리에게는 꼭 필요한 연구죠. 죽는 날까지 아름다운 모습이고 싶거든요.

아줌마들의 과학수다

초판 찍은날 2012년 3월 12일　**초판 펴낸날** 2012년 3월 19일

지은이 박문영 · 신지원 · 이인숙 · 최동수

펴낸이 김현중
편집장 옥두석 | **책임편집** 이선미 | **디자인** 권수진 | **일러스트** 이혜영 | **관리** 이정미

펴낸곳 (주)양문 | **주소** (132-728) 서울시 도봉구 창동 338 신원리베르텔 902
전화 02.742-2563-2565 | **팩스** 02.742-2566 | **이메일** ymbook@empal.com
출판등록 1996년 8월 17일(제1-1975호)

ISBN 987-89-94025-18-6 03400　　　　잘못된 책은 교환해 드립니다.